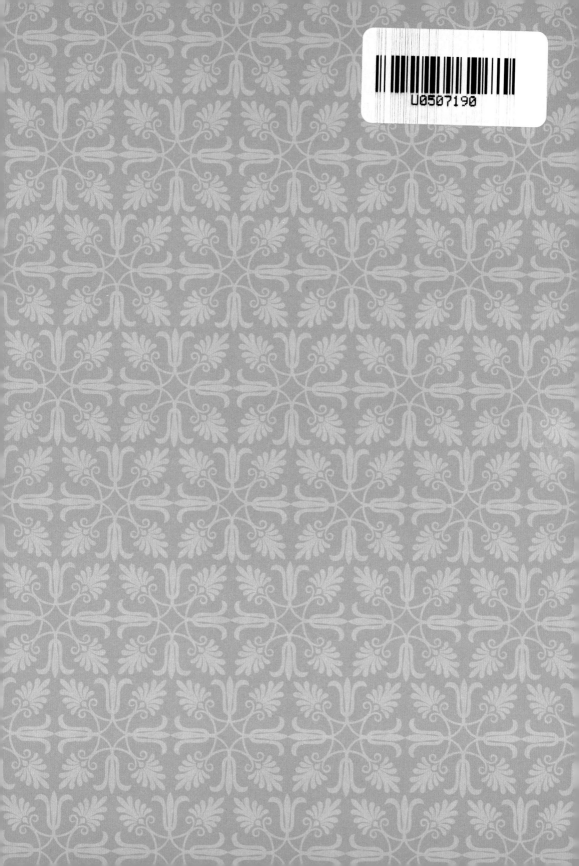

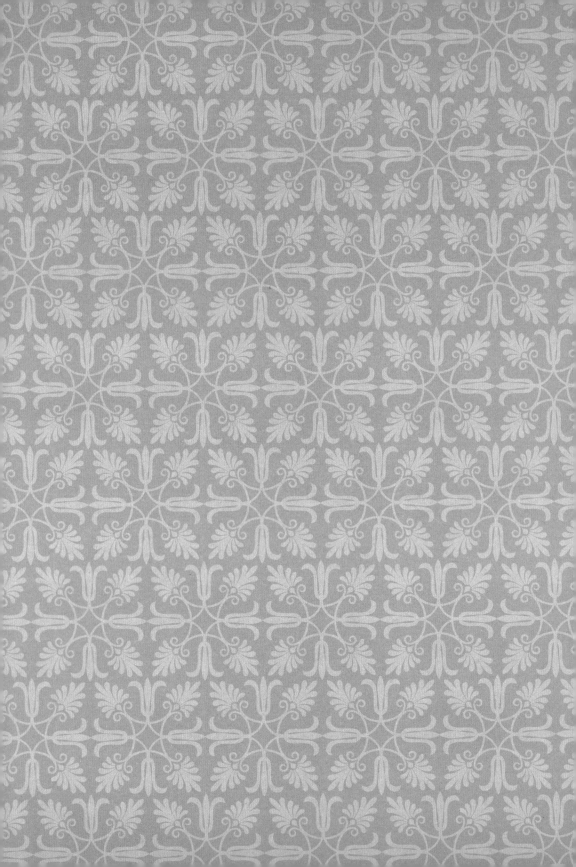

隐藏最深的怪物

段楠鹏◎编著

金盾出版社

内 容 提 要

　　我们生活的世界有很多用肉眼无法看到,需要借助显微镜才能发现的微生物。微生物是世界上数量最庞大、种类最多的一类生物。它们的生命历史很长,比人类出现的历史还早了十几亿年。更重要的是,它们对人类生活起到了非常重要的作用和影响,本书将带你进入一个奇妙的显微镜下的奇妙世界。

图书在版编目(CIP)数据

隐藏最深的怪物/段楠鹏编著. — 北京:金盾出版社,2013.9(2019.3 重印)
(科学原来如此)
ISBN 978-7-5082-8477-4

Ⅰ.①隐… Ⅱ.①段… Ⅲ.①微生物—少儿读物 Ⅳ.①Q939-49

中国版本图书馆 CIP 数据核字(2013)第 129338 号

金盾出版社出版、总发行

北京太平路 5 号(地铁万寿路站往南)
邮政编码:100036 电话:68214039 83219215
传真:68276683 网址:www.jdcbs.cn
三河市同力彩印有限公司印刷、装订
各地新华书店经销
开本:690×960 1/16 印张:10 字数:200 千字
2019 年 3 月第 1 版第 2 次印刷
印数:8 001 ~ 18 000 册 定价:29.80 元
(凡购买金盾出版社的图书,如有缺页、
倒页、脱页者,本社发行部负责调换)

前 言

　　我们所生活的世界上，除了人类之外，还有很多其他生物，比如猫、狗、狮子、大象、老虎、狼等一些比人类要低级的生物。

　　不过，这些生物都是我们的眼睛能看见的，有很多还和我们一起生活，是人类的好朋友。还有一种生物，我们的眼睛根本就看不到，它也存在于我们的生活周围，甚至对我们的生活和身心健康有很大的影响。这些生物很小，只有通过显微镜才能看到它们。或者，你也可以理解为：在没有显微镜之前，几乎都没有人知道它们的存在。

　　因为这些生物太小，只能通过显微镜才能发现，人们便给它们取了一个名字，叫微生物。它们主要以细菌真菌和病毒为主。

　　微生物是比人类生命还要神秘的生物，在人类还没有出现的时候它们就已经出现了。

　　显微镜的出现让人类知道这些生物的具体相貌，它让我们知道，有很多我们根本就看不见的生物和我们生活在一起。通过显微镜，我们还发现，微生物的形状是各式各样的，有些是圆形的，有些又是椭圆形的，有的有腿，有的又没有腿……总之，就是各种各样的。这些微生物的颜色也非常多，有红色的、白色的，也有绿色的、灰色的、黑色的，有的还白中带着透明、有的绿中还带着黑色的小鳞片等等。

不过，并不是所有微生物都需要用显微镜才能发现，有个别也能用肉眼看到。有一种生长在红海水域中的热带鱼，它们的肠胃里面有一种微生物，长得有点像雪茄烟，一般的长度约为 200～500 微米，最长的超过了 600 微米。它的体积比大肠杆菌大一百万倍，因此不需要动用显微镜，我们通过肉眼就能看到它的样子。

目前世界上已知的、最小的微生物，叫做支原体，叫霉形体。它是一种寄生生物，主要寄生在一些动物身上，对动物的健康构成了非常严重的威胁。比如，有一种肺炎支原体，只要哺乳动物一遇到它们，它们就会损害哺乳动物的呼吸器官，并让这些器官产生病变，从而影响动物的健康。

随着科学的发展和人类对微生物学的重视，人们发现，和其他很多自然资源相比，微生物可能是世界上最大的、只开发了极小部分的自然资源。而且，随着研究的深入，人们还发现，微生物的数量不仅无法估计，连种类都庞大到数不胜数。

本书给小朋友们介绍的这些微生物都是和我们的生活息息相关的，这些微生物就存在于我们身体周围，和我们身体的距离几乎为零。它们可能就在你的手上、头发上、指甲上、口水里、衣服上、甚至脸上也有。不仅这样，生活中也有微生物的影子，比如菜板、地毯、鼠标、键盘等等我们经常都能接触到的东西都有它们的踪迹，它们会让我们使用的东西变得很脏，会感染我们脆弱的身体和伤口，然后让我们患病。所以，养成良好的生活习惯，随时保持身体，特别是手的清洁尤其重要！

目录

CONTENTS

目录

CONTENTS

目录

我们脑袋上的头发

◎ 智智很开心，因为听说从这一学期开
始，学校安排了"显微镜下的世界"
这个课程。

◎ 智智和同学们一起，跟着老师去了实
验室。

◎ 到了实验室那一刻，大家都高兴得跳了
起来，因为这都是大家第一次见到显
微镜。

科学 原来如此

今天是"显微镜下的世界"第一课，我们先来研究我们的头发。

哈哈，这就是显微镜啊！

显微镜下的头发

用肉眼看起来，头发是又光亮又顺滑的，给人很美的感觉，我们要是缺少了它，就不完整一样。但你可能想不到吧，这么好看的头发，在显微镜下被放大之后，是很难看的，甚至某些心理素质不强的小朋友，还可能接受不了哦！

　　头发被放大以后，就能清晰地看到我们肉眼根本就看不到的景象。一根本来就很细小的头发，在显微镜下却像"树干"一样粗，是不是很可怕？你是不是有些不理解为什么那么光滑的头发会像树干一样？哈

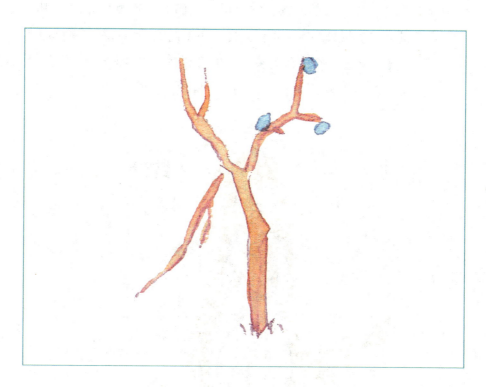

哈，这就是事实！还有更可怕的呢，"树干"上还长有很多类似鳞片的东西，就像鱼身上的鳞片一样呢！一根断裂的头发，在显微镜下就是一段断了的树干的样子，断了的那一头，有很多张牙舞爪的"木刺"。是不是很可怕啊？但是没办法，这就是我们的头发。

我们每个人都拥有的头发

头发就是长在我们头上的毛发，每个人都拥有。头发能保护我们的大脑不被伤害：在夏天的时候，它能保护我们的头不被炎热的太阳晒到，冬天的时候能抵御寒冷。不仅这样，头发还能让我们看起来更加漂亮！试想一下，要是一个人没有头发，那看起来得有多难看啊！

一个人的头发大概有多少根呢？哈哈，我来告诉你吧，一个人的头发大概有十万根左右，没有想到吧？在我们身上所有的汗毛中，头发是最长的。当然，头发最长的还是女性，女性的头发一般能长到90厘米

到 150 厘米不等。不过，这还不是最长的，曾经在印度有一个人，他的头发竟然长到了 7.9 米呢！

就像我们的身体一样，头发每天都在生长哦，一天大概能长 0.3 毫米，一年下来就能长到 13.8 厘米左右。每一根头发的寿命一般是两到四年不等，最长的还能到六年呢！

头发的形状

在生活中，我们经常能看到的头发形状大都是直发，但头发还有其他几种形状哦，除了直发外还有波浪卷曲发和天然卷曲发。这三种头发

除了从表面就能简单的分辨，还可以看它们的横切面。直发的横切面是圆形的，波浪卷曲发的横切面是椭圆形的，天然卷曲发的横切面是扁

形的。

我们头发的粗细和它是什么样的头发没有关系，头发之所以会有各种形状，和我们头发细胞的基因有很大的关系，这些基因决定着我们的头发长成什么样的形状。

另外，在如今的生活中我们会看到越来越多拥有卷发的人，头发的颜色也各种各样。其实，那些并不是他们头发细胞的基因决定的，而是因为他们对自己原有的头发不满意，为了更加好看去理发店里染的。染头发并不好，会破坏我们的头皮和头发细胞。因此，尽量不要去染头发。

如何保护我们的头发？

头发可是我们身上的一大宝贝，要是你不好好保护它们，小心它们变成一堆干草哦！那可是很难看的呢！头发是很娇贵的，要是不小心变坏了，想重新变回原来的样子，是很困难的哦，因此，趁着现在健健康康的，一定要好好保护！

很多小朋友都觉得，头发只要天天洗就可以了，但事实果真如此吗？不是的，除了炎热的夏天需要保持身体卫生之外，其余季节一周洗两到三次就可以了，洗头要是太频繁了，会影响我们头皮的健康哦！洗头发的时候也一定要注意，不要只光顾着洗头发，也要照顾下头皮和发根，因为我们的头发健不健康，这两个地方起到了非常关键的作用。另外，平时要是没事的时候，可以用手指对我们的头皮进行简单的按压，这样能促使头皮的血液循环，从而增加头皮的健康。只要我们的头皮健康了，我们的头发自然也就健康啦，因为头皮是头发的"大地"嘛！

还有很多小朋友洗完了头之后，为了让它早点干就直接用吹风机吹

干，这是要不得的！会严重影响我们的头皮和头发的健康。刚洗完头发，应该先用毛巾将湿的沾着水的头发擦干，然后才能用吹风机吹。

就像我们的皮肤一样，头发也需要水分，这样看起来才好看，同时也是一种健康的表现。其实，有时候想拥有一头美丽的秀发，不一定非得要花钱才能做好，吃水果也可以哦！嘿嘿，不知道吧？下面就来告诉你们，什么样的水果对我们的头发有营养。

我们平时可以多吃些苹果，苹果里含有很多我们头发所需要的营养，这些营养不仅能防止头发变得干燥，还能止痒，对头皮屑的生长也有一定的制止作用！还有柑橘，柑橘含有大量的维生素C等物质，这些物质能增强我们身体的抵抗力。头发吸收了这些物质，会变得特别好看和光滑，还有去除头皮屑的作用哦！另外还有杨桃，杨桃体内含有的营养物质实在是太多了，蔗糖、果糖、葡萄糖、微量脂肪、维生素C、蛋白质等等，这些物质不仅可以帮助我们人体消化，对头发也有保湿和增强弹性的作用！

师生互动

学生：老师，人从什么时候开始掉头发？

老师：掉头发是没有年龄划分的。一个人的压力太大，或者劳累过度、经常熬夜的话，就会掉头发。掉头发不是一件好事情，当你知道自己在掉头发的时候，就一定要开始调整自己的作息时间并检查自己的身体状况了。

让头发痒的头皮屑

◎上一节课研究了头发，同学们都觉得获益匪浅。

◎老师走进了实验室，微笑地看着这些活泼可爱的孩子。

◎老师从自己的头上摸索了一下子，然后就伸着手面对着孩子们。

◎智智看老师在头上一摸就找到了头皮屑，自己也学着老师的样子，在头上摸了起来。

显微镜下的头皮屑

　　要是有几天时间不洗头的话，头上就会感觉非常不舒服，非常痒。

用手稍微抓几下，头上就会掉出一些白色的东西，这东西就是头皮屑。

　　头皮屑是俗称，在医学上头皮屑被称为头皮糠疹，这是一种皮肤

病，是由一种叫做马拉色菌的真菌引起的。

　　头皮屑的形状和大小都不一样，头皮屑越大越多就证明你没有洗头的时间越长。在我们的肉眼世界里，除了看出头皮屑表面只是有些不光滑之外，看不出来其他更细的东西了。但是在显微镜下就不一样了哦，

显微镜将很小很小的头皮屑放大之后，你会发现头皮屑的形状是不规则的，表面也并不平稳，就像沟壑一样，坑坑洼洼的。而且，颜色也不全是白色的，上面还有一些黑色的东西呢！那感觉就像一张白色的纸上，出现了一些黑点点，极不协调，是不是很不舒服啊？嘿嘿，为了不让头皮屑影响我们的心情，我们一定要爱卫生哦！

我们为什么会长头皮屑?

头皮屑这么讨厌,那它们究竟是怎么产生的呢?现在就让我们来慢慢了解吧。

头皮屑产生的最主要原因,是头皮的生态平衡遭到了破坏。其实,

要想拥有健康的头皮,最主要的是三大平衡因素:油脂、菌群和新陈代谢的平衡。我们的头皮一直都在分泌油脂,要是分泌正常的话,头发就不会出油,要是不正常了就会出油,那时候头皮就会变得特别油腻;同

样，要是菌群分泌不正常，生态环境失去平衡的话，我们头上就会出现大量的有害细菌，这些细菌会在我们的头上爬来爬去，头皮就会变得特别痒；要是那些死去的头皮细胞新陈代谢的速度太快，不平衡的话，它们就会从我们的头皮上脱落下来，这些掉下来的东西就是我们所说的头皮屑。

头皮是人体最重要的器官保护墙，同时它也非常脆弱和敏感，只要一受到伤害，我们全身都会有反应。因此，头皮的健康是一个很大的问题哦，一定要用科学健康的方法保护我们的头皮！

在生活中如何预防头皮屑？

我们在前面说过，人之所以会有头皮屑，是因为一种叫做马拉色菌的真菌在作怪。那么，我们在生活中应当如何预防头皮屑呢？嘿嘿，其实头皮屑并不可怕，只要做到以下几点，头皮屑就很难找上我们了：

要拥有良好的生活习惯。按时睡觉，随时保持愉快的心情，多动动，多去参加一些体育活动，这些都能有效地预防头皮屑的滋生。

同时，在饮食上也要注意。不要大吃大喝，少吃一些煎炸、油腻、辛辣等刺激性食品，多吃一些碱性的食物，比如海带和紫菜等，以及水果和豆类等食物，这些都能起到湿润头皮的作用，减少出油。

洗头发的时候也要注意。头屑并不是天天洗就能洗干净的，要有一个规律，要是天天洗的话头皮的皮脂就会变薄，皮脂也会加速分泌，那样头皮又会出油了，接着就会出现头皮干燥和掉头屑的情况，基本上每周两到三次比较合适。除了洗头要有规律之外，还要保持我们头发平时经常都能接触到的东西的清洁性，比如枕头、枕巾和梳子等。洗头发的时候，不要用冷水，也不要用太烫的水，要用温水。冷水不仅很难洗掉头上的污秽，还会引起头疼。有研究表明，很大一部分人头疼就是因为

平时经常用冷水洗头的缘故。而太热的水又会刺激我们的头皮，引起头皮屑。而只有温水是最佳的选择，因为温水起到中和的作用。水的温度在20度左右最好。

我们如何选择洗发水？

如今，洗头已经成为了我们生活中一件非常平常的事情了，就像吃饭一样。洗头就会涉及到洗发水，如今洗发水的款式多种多样，那么，究竟选择什么样的洗发水才对我们的头皮最有益呢？

要想去除头皮屑，可以选择中药配方类的洗发水，这类洗发水具有调养头皮的功能，能够有效地控制头皮屑和出油等问题，还能恢复头发的平衡功能，从根本上解决导致头屑和出油、痒等头皮问题。中药洗发

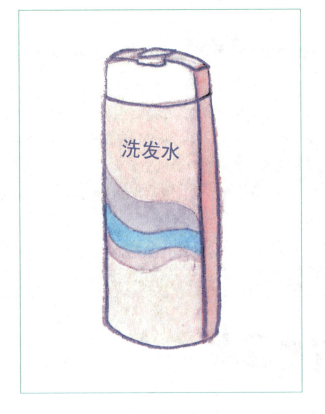

洗发水

水的组成部分一般是香茶菜、皮哨子、侧柏叶以及桔梗等物质，这些物质对我们的头皮都有很好的作用，不仅能控制我们的头发出油并止痒，还能保持头皮上的菌群平衡呢！

　　相比中药配方类的洗发水，其他的一些洗发水似乎就要逊色许多。这些洗发水在刚开始的时候是很不错的，但是渐渐地你就会发现，不管用了。这些洗发水都含有很浓的化学物质，不能根除我们的头皮屑！那些化学物质甚至还会残留在头皮上，危害着我们的头皮呢！所以，平时洗头的时候最好能使用中药配方类的洗发水。

小链接

洗头发是很平常的事情，但是在生活中，这样平常的事情很多小朋友都不一定能正确完成呢！那正确的洗头方法究竟是怎样的呢？嘿嘿，我来告诉你吧：首先，将洗发水倒在水中，量要匀称，不能太多也不能太少，然后再稍微加点水将它们揉搓成泡沫，再抹在头发上面，开始洗。不要直接将洗发水倒在头发上，这样效果不好哦！要想不长头皮屑，就一定要好好学会洗头发哦！

师生互动

学生：老师，我妈妈说，用醋也可以洗掉头屑，这是真的吗？

老师：醋的确具有去除头皮屑的功效，不仅如此，还能让我们的头发特别飘顺。但是醋不能用太多哦，和水的比例大概是1：50，洗的时候一定要用水将醋冲散。另外还要注意，醋要放在第二遍来洗，第一遍的时候还是要用洗发水洗。

皮肤的守护者——汗毛

◎这天上课的时候，老师微笑着走进了实验室。

◎这些学生们可没有兴趣和老师话家常，他们更想知道今天又要学什么。

◎老师手里捏着一根毛发。

◎智智满脸疑问地看着老师手里的那根毛发。

显微镜下的汗毛

除了我们常见的头发、眉毛和胡子外，我们身上其他部位的毛发就称之为汗毛。汗毛除了比头发短一些，细一些之外，其余的地方似乎并没有什么差别。不过，汗毛更柔软一些。虽然汗毛看起来很细，但是你可不要小看它们哦，它们可是为人类提供了很大的帮助呢！在寒冷的冬天，它们可以保护我们体内的温度不流失，让我们的身体并不那么寒冷；炎热的夏天，它们可以帮助我们排出体内的汗液，帮助身体降温，让我们不再那么闷热。

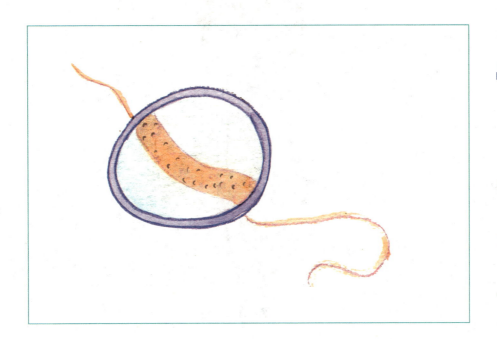

在显微镜下，汗毛和头发并没有什么太大的差别，被放大之后也像一根树干一样，上面同样也有鳞片。断裂的部分也像断裂的树干一样，有很多不规则的木刺。

人的身上为什么会长汗毛？

在生活中细心观察的小朋友就一定会发现，我们的身体现在其实是很干净的，并没有长汗毛，那是因为现在并不是我们长汗毛的时候，只有我们周围的一些大哥哥大姐姐，和爸爸妈妈叔叔阿姨们才会长汗毛，因为他

们已经是成年人啦！长汗毛可是成年人的专利呢！但这并不是说我们就不
会长哦！

　　在平时的生活中，我们随时都会看到嘴上长满密密麻麻的胡子，和茸
茸汗毛的男青年们在我们身边走来走去。其实，不光是他们，一些姑娘的
身上也长有汗毛呢！汗毛的生长是随着我们皮肤的发育而定的。你要是观
察得足够仔细的话就会发现，在我们的身上，除了手掌和脚板还有手指等
地方之外，其余地方都有毛囊，有毛囊的地方就意味着会长出毛发来！

　　在我们刚出生的时候，我们身上并没有毛囊，只有头发和胎毛。过
一段时间之后，胎毛就会渐渐地自己掉落，胎儿的头发最开始的时候是
又细又短又淡的，但是过了几个月之后，头发就会变得越来越密。随着

生长发育，因为激素的关系，一些深埋在皮肤里面的毛囊被激发了出来，这就意味着你要开始长毛发了，而这些毛发，多以汗毛为主。而当你开始长汗毛的时候，就说明你快要成熟啦！

只要毛囊张开以后，不管是男孩还是女孩，身上的毛发都会开始变粗。男孩甚至还会长胡子和胸毛，而造成这一切的就是毛囊。毛囊能分泌出让毛发生长很旺盛的激素，这种激素主要以雄性激素为主。换句话说，我们身上毛发的疏密度和浓淡度，是我们体内分泌的雄性激素以及毛囊对激素的敏感度说了算。

为什么女孩子的汗毛会那么重？

在我们生活中，只要一提到汗毛这两个字，很多人想到的都是男性，很少有人会想到女孩子也会长汗毛。女孩子其实也是长汗毛的，这在上面就已经说到了。但是，女孩子的汗毛不太一样呢，不仅和男性有区别，甚至在女性之间也有很大的区别。一般情况下，女孩子的汗毛都是特别淡的，皮肤也是特别白皙。但是，并不是所有女孩子都是这样的哦。在女孩子的世界里面，汗毛的分布其实是有很大的差别的呢。女性在 15～44 岁这个时间段，有百分之三十的女性都长有很短很小的胡须，有百分之九的女性的颊部的汗毛特别明显，一眼就能看出来。另外还有少数人的面部两鬓以下的毛发特别浓特别重。不过对于女性来说，汗毛比较重的地方是前臂和小腿部分，这些地方约占女性长汗毛总人数的百分之七十。

那这些女性的汗毛为什么这么重呢？一般有这几个原因：这些女性的毛囊对雄性激素特别敏感；与遗传基因也可能有关系，要是父母的汗毛很重的话，那他们的女儿的汗毛也一定很重；要是长期服用大量的带有激素性质的药物，也会多汗毛；另外，某些疾病也可能导致多毛症。

汗毛对运动员的影响

其实对于一般人来说，汗毛是不会影响到我们的健康，但是对于运动员来说，就不一样了哦，有很多运动员在比赛的时候都会将身上的汗毛处理干净。但是，他们为什么这么做呢？

如果你平常喜欢体育运动的话，就一定会发现，自行车运动员在比赛的时候，两腿都是光光的。他们一直把身上的汗毛看成自己比赛时候的"天敌"，那么他们究竟为什么会这样呢？

自行车运动员在比赛的时候，速度很快，能达到每小时五十六公里，如果要是不小心摔倒了，身上露在外面的皮肤就会和公路的路面进行摩擦，这样我们的皮肤就会毫不留情的被扯下来，要是身体上有汗毛

的话，清理伤口的时候会很不方便。另外，在最后撕纱布的时候，要是身上有汗毛的话，会很疼呢！就算在比赛的时候，没有因为摔倒而受伤，运动员们也会觉得汗毛给自己带来的摩擦感特别讨厌，让自己浑身不舒服，从而影响比赛的心情。

小链接

汗毛浓不浓其实对我们的身体并没有什么影响，但是你要是觉得不好看的话可以去医院，在医生的指导下通过药物进行脱毛。有很多人会担心脱毛之后还会继续长出来，其实这样的情况是很少发生的，汗毛的多少和粗细都是我们体内的雄性激素所决定的，和我们使用的脱毛药物并没有半点关系。而且，随着科学的发展，医学技术也越来越发达了，我们已经能用激光进行脱毛了，用这种技术去除的汗毛是很难再长出来的。不过，前提是正规的医院哦！

师生互动

学生：老师，书上说人类是猴子进化来的，猴子那么多毛，为什么我们人的毛要少些呢？

老师：这是进化的结果，随着时间和生活还有生态环境的变化，地球上的生物也在进化和改变，我们就是大自然所锻造出来的最高级生物。

我们身上的"泥"

◎在去实验室的路上，智智看到班长手上的盒子里面装着一些像泥土的灰色东西。

◎智智凑上去闻了闻，然后摸了摸。

◎这个时候老师出现在了智智和班长的身后。

显微镜下的"泥"是什么样子

　　如果你隔几天才洗一次澡的话，你会发现，要是使劲用力搓的话，你会从自己的身上搓下来很多脏东西。这些东西就像泥一样，黑黑的，你要是反复不停地搓的话，黑色的东西会越来越多，慢慢地还会聚集在一起，形成一小坨一小坨的。小坨会变得越来越大，那感觉就像滚雪球一样，要是不沾水就用手摸的话会发现，它们还黏糊糊的呢！

这种黏糊糊被我们称之为的"泥"的东西，其实是我们身上坏死了的皮肤组织。我们对这些坏死的皮肤组织有一个统一的学名，叫做"角质"。那么角质是怎么形成的呢？我们的皮肤是一个很繁琐的大自

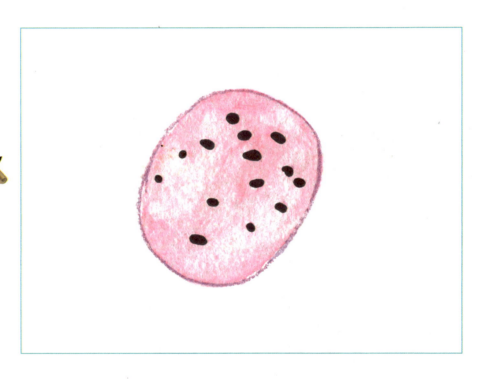

然产物，一般分成表皮、真皮和皮下组织这三部分，而皮肤的表层又分为基底层、透明层、棘状细胞层、角质层和颗粒层等五个部分。嘿嘿，是不是觉得我们的皮肤很伟大啊？皮肤最开始的时候是从基底层长出来的，那时候还只是一个细胞。然后细胞再慢慢地往外面推移，在推移的过程中，皮肤细胞会历经衰老和死亡两个过程，我们身上的"泥"，也就是角质就是这些死去的皮肤细胞哦！要是我们皮肤上的角质太多的话，皮肤就会失去光泽，变得非常灰暗，还会出现脱皮和长痘痘等症

状。因此，要定期清理身体哦，不然你的身体会变得越来越黑的！

　　在显微镜下，角质的形状是一个不规则的圆形，上面有很多黑色的点点，点点的大小不一样，有的大有的小，这是我们身上的毛囊造成的，因为每个毛囊的大小都不一样。

角质为我们的身体都做了些什么？

　　角质其实是我们身体的一道纯天然的屏障，它们为我们的身体做了很多的好事，为皮肤健康做了很多贡献。那么，它们究竟都做了些什么呢？下面慢慢来为大家讲解。

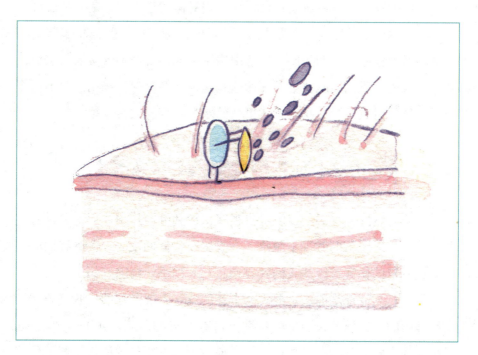

　　拥有吸收光的能力：太阳的紫外线大部分都被我们的表皮角质给吸收掉了，从而我们的身体器官和身体其他组织才免除了太阳光的直接照

射和伤害，要是我们人为去掉角质，而不让角质自己脱落的话，角质层下面的皮肤就会受到伤害。

能对电预防：我们皮肤上的角质层是电的不良导体，对比较低的电流，它们能起到一定的抵御作用，让我们的身体免受电流的伤害。要是我们故意去掉那些好的、没有自行脱落的角质的话，皮肤角质下面的组织就会成为电的导体，从而导致我们受伤。因此，千万不要没事做去角质玩哦！

能防止某些生物对我们身体的伤害：皮肤上的角质层能保护我们的皮肤不被某些微生物伤害，直径 200 纳米的细菌一般都是进入不了我们皮肤里面的。所以，我们一定要好好保护它们！

能保护我们的身体肌肤：角质在我们身体的最表层，是一种已经死去了的细胞层，虽然这一层细胞层只有 0.02 毫米厚，但是却起着我们身体的保护作用。比如我们在生活中用手去触摸洗涤剂的时候，洗涤剂并不能渗透到我们的肌肤里层，而这就是角质在起保护作用。除了这个作用之外，角质还能让我们身体里面的水分不容易被蒸发掉。

在什么情况下要人为清理角质？应当注意些什么？

角质虽然能为我们的皮肤提供很多保护和健康作用，但是总是有些调皮的角质该脱落的时候不脱落，一直留在我们的皮肤上，给我们的皮肤造成一定的伤害，因此我们就要亲自动一动手，清除它们了。

不过，在清理之前一定要观察下你的皮肤，要是你的皮肤是非常光亮和健康的话，那就证明你的皮肤上没有调皮的角质，就不需要清理。要是你的皮肤非常暗沉，颜色不一样或者保水度不佳的话就需要采取一些方法开始清除那些调皮的角质啦！但是，清理的时候一定要把握好尺度，不要全部都清除了，要是全部都清除了，我们身体的皮肤同样也会

受到伤害呢!

　　在清除角质之前,要先要把我们需要清除角质的皮肤清理干净,让其保持一定的水分,然后再开始慢慢轻柔那段需要去除皮肤的部位。揉的时候要采取小画圆的方式,每一个区域重复十下左右即可,然后再涂抹保养品就可以啦。

小链接

　　我们皮肤的角质其实还有另外一个很多人都想不到的作用呢，那就是防止我们体内的营养流失。角质有一种半通透膜的特性，保护能力全部来源于它。因为有了这种特性，一般的营养物质都很难穿过角质离开我们的身体。但是，要是你将角质人为去掉的话，我们身体的营养就可能会丢失很多很多哦！

师生互动

　　学生：老师，我们皮肤的健康主要是靠角质吗？

　　老师：我们皮肤上的角质虽然能抵抗某些微生物的侵袭，但是皮肤的健康并不是全部都依靠它们哦。皮肤表面本身就具有一定的弱酸性，这些弱酸性不适合细菌的繁殖和生长。另外，我们皮表的脂膜中也存在着一些能抑制细菌生长的物质，对细菌的生长也起到了一定的影响。我们皮肤在某些情况下也存在着脱屑和干燥的情况，这样的环境也不利于细菌生长呢。

可怕的螨虫

◎ 这天上显微镜课的时候，老师很神秘地看着学生们。

◎ 同学们都很茫然，摇了摇头。

◎ 于是，老师就做了一个比较恶心但是很有趣的动作。他对着一块小镜子从自己的脸上挤出来了一个什么东西。

◎ 听到这里，同学们都叫了起来，尤其是智智，反应最激烈。

显微镜下的螨虫

　　我们所处的世界，是一个非常神奇的世界，有很多非常神秘的生物，它们无处不在，比如，智智老师脸上的螨虫。哈哈，没有想到吧，我们的脸上也会长虫子！螨虫的数量和种类其实有很多，已经被人类发现的大概有50000多种，数量之巨大，仅次于昆虫哦！螨虫和我们的身体健康是息息相关的呢，比如恙螨、疥螨、蠕螨、粉螨等螨虫会吸我们的血，损害我们的皮肤，让我们患病。

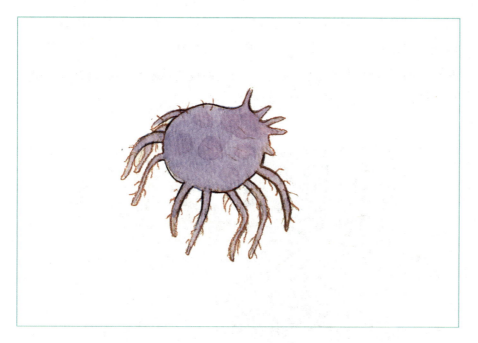

　　从智智老师脸上挤出来的螨虫叫人蠕形螨，寄居在我们的人体毛囊里面，我们的面部和颈部还有鼻部等部位是它们最喜欢的部位。人蠕形螨很小，颜色淡黄，虽然用我们的肉眼能够看到它们，但是只有用显微镜才能看清楚它们究竟是什么样子！在显微镜下，人蠕形螨的身体很长，身材也很匀称，在头部有触角，也有眼睛，头部以下的地方有四双类似翅膀的东西，但是这些翅膀并没有长满全身，只是在身体上半部分。但是，并不是所有螨虫都是这个样子的，除了人蠕形螨之外，其余的很多螨虫都长得像蜘蛛一样，有脚，脚上面也有细毛。这样看起来，螨虫像蜘蛛的近亲。

螨虫的分布以及它们在我们皮肤上的生活习惯

　　除了我们的脸之外，螨虫分布的地方其实还非常非常广呢！地上、地下、空气中、水里面等地方都有它们的影子。螨虫不仅数量多，分布的地方广，而且繁殖的速度还特别快！寄生在我们人体皮肤毛囊里面的螨虫，除了人蠕形螨之外，还有一种叫做皮脂腺蠕形螨的螨虫，但是我们一般都不分开叫它们，只是把它们统称为螨虫。

　　螨虫一般都会选择我们身上皮肤比较弱或者柔软的地方寄存。但是螨虫想要在我们的皮肤上站住脚可不是那么一件容易的事情，它们要用它们身上的肢脚来进行挖掘，在我们的皮肤上挖掘出一个供自己能够待下去的小隧道，隧道一般长 1~5mm。螨虫的食物一般是我们的皮肤角

质组织和淋巴液。

　　另外，我们皮肤的温湿度也会影响到螨虫的生存环境和寿命。温度比较高或者湿度比较大的时候，螨虫的寿命就比较长；而温度比较低的时候，对螨虫的生存来说，是非常不利的，要是比较弱一些的螨虫，可能还会死去哦！

我们如何才能发现我们的皮肤上寄存了螨虫？

　　螨虫是很讨厌的东西，我们应当尽早发现它们，以便采取有效的措施遏制它们继续骚扰我们。

　　我们可以通过自身感觉来判定我们是否感染了螨虫。螨虫刚寄存到我们脸上的时候，有少数人在出汗和睡觉的时候会觉得鼻子和面部有点

痒。过了一段时间之后，痒的地方就会出现一些黑头，这种黑头是螨虫的分泌物和排泄物，被风干硬化之后而形成的；接着毛孔会变粗，皮肤渐渐由中性转为混合性，然后变成油性，如果没有及时治疗的话，就会出现青春痘和痤疮等症状。因此，只要发现了螨虫，就一定要赶紧去治疗哦！

如何去除我们皮肤里面的螨虫？

我们每个人都喜欢漂漂亮亮的，都想拥有好看的肌肤，但螨虫这个坏蛋就像一个炸弹一样，藏在我们的皮肤里面，严重影响了我们的美丽和健康。那应该怎么去除这些讨厌的螨虫，从而拥有健康和美丽的皮肤

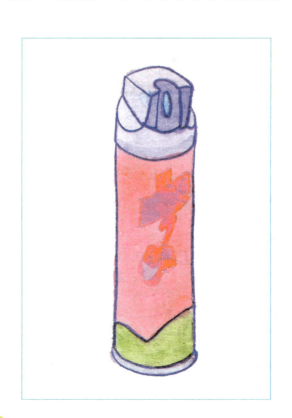

呢？以下就有几个简单的处理方式：

不要在室内扬起灰尘：必须马上对已经滋生了螨虫的房间采取补救措施。可以减少类似扫地、更换被褥等扬尘方式；同时减少温差较大的房屋间的通风，改善扬尘现象，避免感染了螨虫或者一些其他菌类的粉尘逸散。注意窗口、室内温度较高区域及换气设备的卫生状况，从而最大程度上避免隐患。另外，有效的空气清洁器也很有助于过滤掉空气中的螨虫，可以适当选用。

注意房间的清洁：房间是否通风与螨虫能否存活关系非常密切，螨虫与霉菌很难在空气湿度小于 60% 的情况下生存。如果卧室里不放置厚地毯的话，那效果就更好了。螨虫主要藏在床垫下面，因此要注意保持床垫的清洁。另外，在卧室里要少放会积下灰尘的器具，如沉重的窗帘、桌布、盆栽、开放式书架等。

可以使用除虫剂杀死螨虫：高效低毒的二甲基丙烷羧酸酯溶液，不仅具有强烈的胃杀、触杀和杀卵作用、还经常被用于杀害人畜体表寄生虫，以及人畜居住环境处的其他害虫。还能有效杀灭蚊子、蟑螂、蛀虫、和白蚁等生活中随处可见的害虫。和这些虫子相比，螨虫的生存能力简直不值得一提。因此，这种杀毒剂简直就是螨虫的天敌！

我们还可以通过显微镜来发现螨虫。首先从鼻子比较油的部位取一点油脂，用显微镜多次观察。显微镜虽然比较直观科学，不过存在局限性，只看一次的话可能看不到螨虫，所以要多看几次哦！螨虫不像细菌那么小，用十万倍的显微镜就能看清楚了。

小链接

yincangzuishende guaiwu

学生：老师，人的脸上大概有多少只螨虫啊？

老师：我们脸上的螨虫数量和我们的皮肤有很大的关系，要是你有皮肤病的话，一平方厘米的皮肤平均有 12.8 只螨虫；要是皮肤正常的话，一平方厘米平均只有 0.7 只螨虫。一个普通人的脸的面积大概有 350 平方厘米，要是你的脸上没有痘痘，晚上你睡觉的时候，大概有 245 只螨虫在你脸上爬来爬去，要是你有痘痘或者痘痘比较多的话，大概有 4480 只螨虫在你脸上爬来爬去。

指头上讨厌的"肉刺"

◎这天上显微镜课的时候，老师卖起了关子。

◎同学们七嘴八舌地说开了。

◎智智想了想，没有说，只是很睁着大眼睛看着老师。

◎老师听完智智的话之后，笑了起来。

我们手上的刺在显微镜下是一个什么样子？

不知道小朋友们在平时的生活中是否遇到过这么一种情况。有时候手指不小心碰到什么东西，或者被什么东西碰到了，手指就会非常刺疼。但是只要一离开那个你手指所碰到的东西，你的手就没事了。这个时候你再继续观察你的手指，就会发现，在你手指甲末尾的位置，会有一些翻起来的皮肤组织。而导致我们手指刺痛的，就是这些翻起来的皮肤组织。

嘿嘿，知道吗，它们的名字叫做刺哦！不过不是长在植物上面的那种刺，而是肉刺。因为它最主要的组织就是我们的皮肤嘛，所以就叫做肉刺。

肉刺的"刺"其实就是我们身上的一小部分皮肤组织，在显微镜下，其实它和我们前面讲过的角质的样子差不多。形状并不规则，大小也不一样，上面也有很多各种各样大小不一的小点点，只是相对于角质，黑点点要更密集一些。

肉刺是怎么形成的?

　　肉刺还有另外一个名字,叫做瘊子,瘊子是一个俗称。我们之所以会长肉刺,是因为皮肤被一种叫做乳头瘤的病毒给感染了。当我们的手因为多汗等原因而变得潮湿的时候,或者被某些东西给擦伤或者撞伤之后,受伤的地方抵抗力就会下降,而这个时候,乳头瘤就会乘机侵入我们的细胞,从而引发肉刺的产生。肉刺最开始的时候,一般只是在一个部位发生,但它们也会在不经意间传染到其他位置。

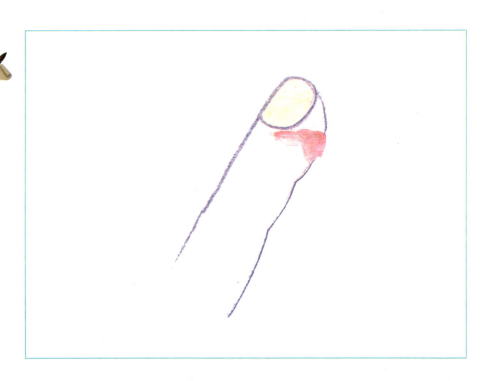

　　手指上长肉刺最大的原因,还是和我们体内缺少维生素和少食蔬菜瓜果等物质有关。如果我们手上的肉刺比较多的话,你除了赶紧补充维

生素之外，还要赶快去医院检查哦！不然肉刺会越来越多的呢！

　　之所以会长肉刺，还有另外一个重要因素，就是我们的皮肤太干燥了，角质层就产生了裂纹，裂纹最后就形成了肉刺。要是过了很久肉刺还不掉或者继续再生长的话，那你就要快去补充下维生素 C 了。

杜绝肉刺，从我做起

　　肉刺是如此的让人烦恼，那我们在平时的生活中应当如何注意保护手指，而不让它们长出肉刺呢？做到以下几点就可以了：

要是发现手指长出了肉刺，就要立刻把它给剪掉，不要让它继续留着继续生长，这样我们就不会受到它的影响了。

肉刺长出来之后，千万不要图方便不用剪刀剪而是用牙齿去咬它们，因为肉刺是连着肉的，要是你一口就给咬掉了，不仅皮肤上面会留下伤痕让人刺痛，还可能会被细菌和其他某些有害的微生物感染。

不要用手去抠肉刺，要等到肉刺自己长出来再剪掉，用手抠的话很容易伤害皮肤，从而导致疼痛。

肉刺其实就是我们的皮肤角质层变化而成的，是一些坏死的角质组织。如果你好好爱护角质层的话，肉刺就会很少长出来。

还要养成保护皮肤的习惯，平时多注意涂抹一些护肤品之类的东西，不要去太阳和辐射太多的地方。皮肤是根本，只要保护好了皮肤，角质才不会长出来。

小链接

肉刺稍微一碰到就会很疼，那我们应该用什么方法让它们从我们的手上消失？从而不再受肉刺的折磨呢？以下告诉大家几个简单实际的方法。

肉刺一般都是长在我们的指甲旁边的，当它们出现的时候，千万不要嫌麻烦一下子就把它们拔掉，因为它们是和我们手上的肉连在一起的，你要是直接拔掉，不仅会非常疼，甚至连肉都会一起扯掉些！要是肉被扯出来了，就会流血，流血就会感染！感染了之后手就会更加难好！那么正确的处理方法应该是什么呢？首先，应该将长了肉刺的手放在水里泡一会儿，直到它们软了之后再用剪刀剪断就可以了。剪断之后，为了防止细菌感染，可以涂抹一点护手霜之类的东西。

另外，一定要养成良好的习惯，养成随时保护自己皮肤的意识。在生活中也要注意，当要去拿和碰会伤害我们皮肤的东西时，一定要注意，对自己手做好保护措施。

另外，也要保护好我们的皮肤角质层，那是我们皮肤的第一道天然屏障，就像战场上的第一道防线一样重要。因此，一定要保护好它，不能让它受到伤害。

师生互动

学生：老师，除了手上之外，还有其他地方长肉刺吗？

老师：其实除了我们的手上之外，我们的脚趾上也有长肉刺呢，位置和手指上的肉刺差不多，原因也大同小异、清理的方式和手上的肉刺差不多。不过，脚上的肉刺是很隐秘的，因为隔着鞋子和袜子，你不去碰它的话是不会轻易被发现的，所以一定要注意哦！

恐怖的牙结石

◎同学们已经喜欢上了用显微镜研究那些细小的东西，这不，这一节课刚开始，他们就迫不及待地问老师了。

◎看着这一群聪明好学的孩子，老师很欣慰地笑了。

◎智智摸了一下自己的牙齿，有些不解。

◎老师还是依旧满脸笑容。

牙齿上的"脏"东西在显微镜下是啥样子的？

要是你在平时的生活中足够仔细的话你会发现，有些人张口说话的时候，他们的牙齿上有黑色或者黄色的东西，给人很不干净很不卫生的感觉。要是心理素质不强的小朋友可能还会吐哦，因为那实在是太恶心，太难看了。这些黄色或者黑色的东西叫做牙结石。白白的牙齿之所以会变得这么难看和恐怖，是因为牙齿的表面布满了一些矿化的细菌和一些污垢。这些东西只要一出现了，不管用牙刷怎么拼命地刷，都是清除不了的，只有去医院请专业的医生通过专门的医疗器材才能清理干净。要是不清理的话，牙结石会升级成牙周病及其他牙齿疾病。

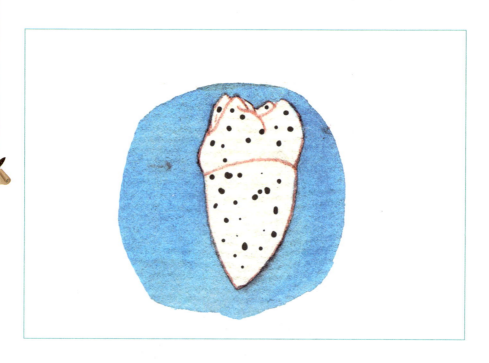

　　牙齿上的黑斑或黄斑在显微镜下被放大之后很恐怖，整个视界里面都是一片肮脏的颜色。黑色中带着灰黄，淡黄中又带着淡黑，牙结石一般都是这两种颜色穿插着的。另外，在牙齿的根部，也就是牙龈上，有一些看起来很粘的东西，那些就是我们牙齿上的污垢，这些污垢来自我们的唾液和一些食物残渣。哇啊！是不是很恐怖很恶心啊？所以哦，一定要注意清洁牙齿，保护牙齿的卫生。

如何治疗牙结石？

　　牙齿是每个人都拥有的东西，我们在说话、吃饭、微笑的时候，牙齿就会露出来。要是患上了牙结石，不仅会影响我们的牙齿美观，还严重地影响了牙齿的健康哦。试想一想，你要是在对着别人说话或者微笑的时候，露出一口黄色或者黑色的牙齿，对方是不是会倒胃口？另外，除了美观之外，牙结石还会影响假牙，会让假牙和正常的牙齿不在一个平面上，牙齿之间达不到一个闭合的效果。这样，就会导致有些食物残渣留在假牙上，让我们的口腔发炎。

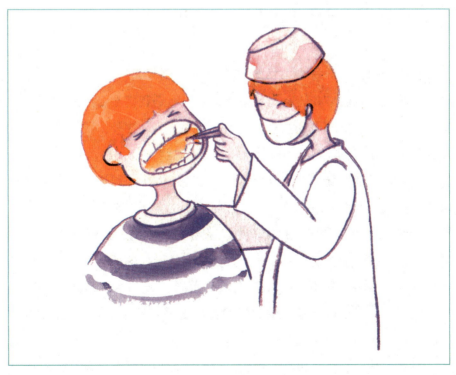

早在 2009 年的时候，国家卫生部就颁布了一个叫做《中国居民口腔健康指南》的方案，让我们每个人至少每年要去清洗一次牙齿，以保证牙齿的健康。

但是，千万要记住一点：并不是你把牙洗了之后就万事大吉了。要是你在平时的生活中不注意牙齿卫生的话，就算牙结石被清理了，还是会再长出来的。因此，一定要注意牙齿的清洁卫生哦！让牙结石远离我们。

另外，在清理完牙齿之后，部分患者的牙齿可能会出现流血的情况，这个时候一定要注意，最好去医院再检查一次，看看牙齿根部和隐秘的地方是否还有残余的、没有被清理的牙结石存在。

在生活中如何预防牙结石？

在生活中，我们每个人每天都要刷牙，刷牙是一个非常简单的措施，能够保护我们口腔健康和预防牙结石。但是我们在刷牙的时候，一般只能去除掉嘴里的百分之七十的细菌。除了刷牙之外，我们还应当使用其他清洁牙齿的工具，比如牙线、牙间隙刷等等。在清理牙齿的时候，一定要仔细认真，不要敷衍了事，给我们的口腔和牙齿一个清新的环境。不然，就算你清理得再干净，牙结石也会再来哦！

牙结石的污垢在形成的过程中，是由少到多的，是慢慢堆积而成的，并不是一下子就变得那么多的。要是经常刷牙的话，我们可以将刚长出来的一些污垢和牙结石刷掉。因此，我们一定要坚持刷牙，要是等到牙结石和污垢变得非常紧密的时候再刷就刷不掉了，只能去医院啦。你不喜欢去医院的，对不对？

另外，某一些比较精细的食物，它们糖性和黏性都比较高，非常容易沉淀在我们的牙齿表面上，我们在平时吃零食的时候，尽量少吃这类

食物。要是你实在忍不住吃了这类食物，也一定要刷牙或者漱口。另外千万要注意，在睡觉之前不要吃饼干和蛋糕等食物，这些都是精致食物，吃了不仅能让我们长牙结石，还有可能长龋齿呢！所以，千万不要馋嘴哦！

小链接

牙结石除了能影响我们牙齿的美观和健康之外，还会让我们的嘴巴变得臭臭的呢！那些堆积在我们牙齿上的牙结石和污垢会散发出一阵阵恶心的味道，在张嘴说话或者吃饭的时候就会散发出来。因此，当你发现嘴巴里有口臭的时候，一定要去医院里面洗牙哦！不过，有些洗牙了的患者还是会有口臭，这个时候你就一定要去医院再进行检查，看看是不是内脏的问题。因为，导致口臭的原因不是只有牙结石。

师生互动

学生：牙结石在我们的牙齿上，我们经常刷牙的话，它们是不是就会自己脱落呢？

老师：牙结石之所以会黏贴在我们的牙齿上，是因为这是一个非常复杂的化学变化过程，只要牙结石形成了，就会在最短的时间内产生酸，并依附在牙齿表面。自动脱落也不是不可能，只有等到它们长大之后在唾液的冲击下才会脱落，而且依旧还会残留部分在牙齿上，只有洗牙才能将它们洗掉。

无处不在的灰尘

◎走进实验室的时候，智智发现，老师的讲台上除了显微镜之外，就没有其他东西了。

◎同学们坐定之后，老师就问大家。

◎同学们七嘴八舌地猜开了。

◎但是老师微笑着摇了摇头，然后老师低头在墙角用手摸了地上一下，然后把沾满灰尘的手指面对着大家。

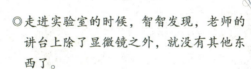

细小的灰尘在显微镜下是一个什么样子？

不知道小朋友们发现没有，在我们家里任何一个角落，比如窗台，要是几天时间不去打扫的话，就会堆积一些灰尘。我们的手一碰到，它们就会沾在我们的手上，除非用水洗，不然是清除不干净的。灰尘非常非常小，是一颗一颗的，它的直径大多都小于 500 微米，只有通过显微镜才能看到，我们眼睛能够看到的那些，其实是灰尘里面的庞然大物。那么，这些讨厌的灰尘是怎么形成的呢？

空气中的灰尘有一部分是来自一些工厂。在生活中，有很多工厂，它们所排放出来的，除了一些废水之外，还有一些烟雾，而这些烟雾又不是纯粹的烟雾，因为里面还带有很多灰尘。还有一些灰尘是某些东西被燃烧之后所散发出来的烟里面带来的灰尘。另外，我们在走路的时候，脚也会带起一些在地上的灰尘，这些被我们的脚带起来的灰尘一般都是比较细的泥土被风干了之后所产生的。

灰尘其实就是微小的沙石，在显微镜下，它们被放大之后，你就会发现，它们和我们平时在路上看到的石头除了体积大之外，没有什么区别。它们的形状并不规则，有的是圆形的，有的表面上又有菱齿，颜色也不一样，有透明的，也有黑色的，有的甚至还是淡黄色的。

灰尘的两面性

让我们烦恼的灰尘其实并不是只做坏事的，它也帮助我们人类做了一些好事。嘿嘿，那坏事和好事究竟都是一些什么呢？

灰尘做的坏事：灰尘是我们人类健康的天敌。因此，一些渴望拥有一个健康身体的人总是非常讨厌它们，希望它们能从这个世界上消失。

有很多坏细菌就藏在灰尘里面，当灰尘活动的时候，这些细菌就会随着灰尘一起攻击我们人类的身体。灰尘不仅威胁着我们的身体健康，还很容易造成环境污染，从而影响我们的生活。而环境一被污染，我们人类就会又犯病。不管怎样，灰尘都会威胁我们的健康！

灰尘做的好事：不过，灰尘虽然坏，但还是有的好一面。要是我们生活的大气中没有灰尘的话，太阳光照射到地球上的光线就不会被反射、散射和折射出去。那样的话，天空就会变得特别蔚蓝。喂！可不要觉得这样天空就会变得好看哦，要是真这样了，天空上就不会有风雪和雨露，也不会有好看的彩虹了。另外，灰尘还具有吸湿功能，要是少了灰尘的这个功能的话，散布在空气中的水汽将无法凝聚在一起，天上的云也会很难形成。要是我们的地球表面没有了云的覆盖的话，那我们地球上的土地将会变得特别干裂和贫瘠，天气也会变得很没有稳定性，要不就是热得要死，要不就是冷得要死。

另外，要是没有了灰尘，散布在宇宙中的一些有害射线也会肆无忌惮地攻击我们的地球表面。这些射线都是非常可怕的，会对地球上的所有生物包括人类造成致命的威胁！

虽然灰尘给我们人类带来了很多不利的因素，但是它给我们人类也

带来了很多帮助并做了很多贡献。我们需要躲避它们对我们健康的威胁，同时也不能没有它们！

如何防范灰尘？

灰尘虽然具有两面性，但是我们在享受它们给我们带来的好处的同时，也应当防范它们给我们带来的坏处，以便保护我们的身体健康，那么，我们究竟怎么防范呢？

很多人都有一个习惯，在早上刚起床的时候，就把窗户打开，以便通风换气。这其实没什么不好，只是在做这个动作的时候一定要注意，通风的时间最好不要超过三十分钟，要不然屋子里面就会进来灰尘！而且，在开窗户的时候一定要记住，要将门关上！另外，还可以在家里放

置一台加湿器，加湿器会让房间里的空气变得比较湿润一些。这样做的好处就是：灰尘不会再继续飘落了，除了保护健康的同时，还能方便打扫屋子呢！

小链接

不管是看得见的灰尘还是看不见的灰尘，它们都是不一样的，按照它们的直径大小来划分的话，一般分成两种：一种是粉尘类型的，另外一种是凝结固体和烟雾类型的。

粉尘是由于某些物体，被粉碎后所产生的一些分布在空气中的物质，这种物质是粉状的，所以被称为粉尘灰尘。

凝结固体和烟雾灰尘，是由于某些金属物质在被燃烧，或者升华、蒸发的过程中所形成的。这种灰尘特别小，一粒的直径大概是在0.1微米到1微米之间。和粉尘灰尘不同的是，这种灰尘具有很强的凝聚力，能凝结成固体烟雾。

学生：要是吸入了灰尘，对身体有害吗？

老师：其实，我们的空气中就遍布着很多灰尘，在阳光下，我们能看清楚它们。如果只是吸入了少部分是没有问题的，相反，对我们的身体健康还有些好处的。但是，要是你所处的环境灰尘比较多的话，比如建筑工地上，这些地方灰尘就特别多，这个时候，就一定做好防护措施，比如戴口罩什么的。

坑坑洼洼的皮下组织

◎老师问了同学们一个问题。

◎同学们不约而同地看了看自己的胳膊。

◎但是，没想到，老师却摇了摇头。

◎智智觉得很不可思议，大叫了起来。

"坑坑洼洼" 的皮肤

皮肤是很好理解的东西，它就在我们身体表面，能看得见，也摸得着。皮肤是人体面积最大的器官，重量占去了我们人体总重量的二十分之一，假如你的体重有一百斤的话，你身上的皮肤就有五斤左右。

皮肤主要有两个作用：一个是防止我们体内的水分和电解质以及其他物质流失，从而维持我们体内的营养。另一个作用就是保护我们的身体不会被其他外来细菌的伤害，还拥有排汗和感觉冷热等作用。另外，皮肤还能维持我们体内的代谢工程和环境稳定。

皮肤的表面并不光滑，虽然有时候我们看自己的皮肤觉得没有任何瑕疵，其实那是我们的眼睛蒙蔽了我们。在显微镜下，皮肤的表面是不光滑的，上面有很多不规则的矩形方形，在每一个不规则的方形中间都有一个小黑点，那个小黑点就是我们的毛囊，我们的毛发就是从那个里面长出来的。在每个矩形与矩形之间，都有一条沟壑，这条沟壑不深，也不弯曲，是笔直的。要是眼睛隔远一点看的话，你就会发现，整个皮肤表面都布满了"沟壑"，给人一种"坑坑洼洼"的感觉。

皮肤的几种类别以及我们该如何保养它们

因为每个人所处的环境生活都不同，因此他们的皮肤也不一样，按照皮肤不同的性质，我们给皮肤分了几种不同的类别。

干性皮肤：当皮肤缺乏水分的时候，皮肤就会表现得特别干燥和粗糙，还缺乏弹性。干燥的皮肤的毛孔非常小，还特别敏感，皮肤表面没有光泽，给人的感觉特别暗。不仅这样，干燥的皮肤还特别容易破裂和起皮屑。对付这样的皮肤，可以多喝一些水，吃一些水分比较足的水果或者蔬菜，不要过度地使用一些化学物质含量比较高的护肤品。

中性皮肤：中性皮肤其实是最好的皮肤，这样的皮肤不光水分和油分充足，还特别光滑柔软，是爱美人士最喜欢的皮肤。但是出现这种皮肤的一般都是十岁以下的小孩子，过了十岁或者过了青春期的人，很少有这种皮肤。虽然中性皮肤很好，但还是不要忘了保养，要注意补水，还要调节水和油的平衡。在选护肤品的时候要稍微注意一下，夏天的时候要选择水分足一点的，冬天的时候要选择一些滋润性的。

油性皮肤：这种皮肤最主要的症状就是油脂分泌太旺盛了。皮肤的毛孔会变得特别粗大，皮肤特别厚，不光滑，颜色比较暗黄，没有光色，也没有弹性等等。要想不再继续拥有这种皮肤，就一定要注意，尽量少食用糖和咖啡等带有刺激性的食物，多吃一些维生素，从而增强身体的抵抗力，还要多注意皮肤的清洁卫生。护肤品尽量选用那些油性比较少、清爽型的护肤品。切记，千万不要用油性护肤品，这样，对你的皮肤只能雪上加霜！

敏感性皮肤：这种性质的皮肤最痛苦，特别敏感，受不了伤，自身的保护能力特别薄弱，一丁点小的摩擦，就有可能让皮肤出现红肿和刺痛以及瘙痒脱皮等症状。在保养方面一定要记得多注意，不管是洗脸还是洗澡和洗脚，都不要用太冷或太热的水。在出门的时候一定要记得用防晒霜，以便被阳光直接照射。要是皮肤出现了过敏的情况，一定要记得不要再继续使用任何护肤品，要去医院里进行检查。

我们生活中的哪些习惯会影响我们的皮肤健康？

很多病情都是因为我们在生活中没有一个良好的生活习惯而造成的。皮肤的健康问题也一样，也是来源于我们不良的生活习惯。以下就给大家举例出了几个，如果你在生活中拥有这些坏习惯，一定要记得改正哦！

很多人都喜欢吃辣的东西，比如火锅和麻辣香锅什么的。但是有很多皮肤不好的人吃完了之后，本来光滑的脸上就会长满红痘痘。这究竟是为什么呢？吃了太多辛辣的食物之后，我们的胃功能会被这些东西给

打乱，从而就会产生一定的毒素。而毒素要排出来，但是胃功能已经被打乱了？那毒素怎么出来，就是从我们的皮肤上，我们的脸上通过痘痘的形式长出来！要想以后不出现这样的情况，在吃东西的时候就一定要注意，不要吃太多辛辣的食物，多吃一些清淡的绿色食物，这些食物才是对我们身体最有益的食物。

经常熬夜的人皮肤也会出问题，眼睛会变得和熊猫一样黑，看起来一点精神也没有。在生活中，我们一定要养成一个良好的作息习惯，看电视的时间要把握好，不要看到好看的就忘记睡觉了；作业也要早点做

完，不要等到快要睡觉了还在赶，要学会劳逸结合。如果你有黑眼圈的话，早上起来的时候，可以用隔夜茶清洗一下脸部周围的皮肤，这样黑眼圈会消失得快一些。不过，养成良好的作息才是最重要的。

小链接

在我们身上，最粗糙的皮肤部位其实是我们的脚底部，它不仅粗糙还特别干燥。虽然出油量比较少，但却是汗腺最密集的地方。另外，脚的皮脂腺不是很发达，有些部位甚至完全没有皮脂腺分布，这也是为什么脚底皮肤最干的原因。但是你不要小看脚，它支撑着我们整个身体，是非常容易感到疲倦的。所以，要好好爱护你的双脚哦！

师生互动

学生：老师，我们身上的皮肤的厚度都是一样的吗？

老师：我们身上的皮肤的厚度其实是不一样的，最厚的部位是在脚底部；最薄的地方是眼皮，最容易受伤的部位也是这里。所以，一定要好好保护眼皮哦，因为它真的是太脆弱了。

我的名字叫鼻黏膜分泌物

◎ 在去实验室的路上，智智边走边挖鼻孔。

◎ 智智从鼻孔里面挖出了一坨脏东西，准备扔掉。

◎ 这时候，不知道老师从什么地方钻了出来，制止智智，用一张卫生纸包住了智智从鼻孔里面挖出来的鼻屎。

◎ 智智的表情非常吃惊，表示难以相信。

鼻屎是什么样子的？

要是鼻孔过一段时间不清理的话，你就会发现，鼻孔里面堵得慌，需要清理，用手掏掏才会舒服一点。但是用手掏的时候，会发现，总是会掏出一些特别粘的东西，这个就是鼻屎了。

yincangzuishende
guaiwu

鼻屎是我们每个人都有，但是每个人的鼻屎都不一样，有的是特别粘的那种，有的又特别稀，还有的甚至已经干了。这些都是因为鼻屎在不同阶段的表现，有的也可能是在鼻孔里面堆积太久了的缘故。它们的颜色也不一样，有的是黄色的，有的又是灰色的。

在显微镜下，鼻屎是坨状的，表面不规则，给人一种起伏不定的感觉，颜色的分布也不均匀，有的地方深，有的地方浅，这是因为鼻屎里面含有了某些杂质的缘故。干了的鼻屎上面还有很多斑点，黑黑的，那是因为那些杂质都干了。

鼻屎是如何形成的？

鼻子会时常分泌出一些黏液，当这些黏液凝固之后，就会形成鼻屎。这种分泌是很正常的，因此，鼻屎多并不是身体不健康的表现。要是鼻屎多了，只能说明你鼻子里面的分泌物多，无关其他。要是在你鼻子里拥有了鼻屎之后，你又吸入了一些不干净的东西，比如灰尘什么的，鼻屎就会变颜色，变得深一些。比如一个煤炭工人，他的鼻屎可能就是黑色的，因为他吸入了很多黑色的灰尘。这就是为什么我们鼻子里的鼻屎的颜色经常不一样。

分泌黏液是鼻子的功能之一，这些黏液不仅能保护鼻子的内部结构，还能湿润鼻孔呼吸进来的那些干燥的空气。一个正常人，在一天的时间里面，鼻子会分泌出 500～1000 毫升不等的黏液。我们感冒的时候，因为黏膜出现了充血的情况，分泌出的黏液也就自然会增多了。

如何正确清理鼻屎？

鼻屎是很正常的鼻孔分泌物，要是堆积太多了，鼻子就会很不舒服，需要清理。清理的方法有很多，那么，哪些是正确的，哪些又是错误的呢？嘿嘿，让我来告诉你吧！

当鼻孔里面有鼻屎的时候，很多人，不管是小朋友还是成年人，都喜欢用手指去挖鼻孔。这种方法虽然是最直接最简单的，却也是最不雅观而且最不健康的。这样做，非常容易把我们的鼻毛弄断，从而造成鼻孔出血和鼻腔感染，严重一点，甚至还会引发颅内感染，从而危及生命呢！所以，一定不要再用手指挖鼻孔哦！

还有一种方法比用手指直接挖鼻屎要好很多，就是用纸深入鼻孔，从而把鼻屎给带出来。不过用纸的时候一定要注意了，要选那些比较柔软的纸，在挖的时候也要注意力度，不要太用力，不然也可能会损害我们的鼻腔内膜呢。不过，用这种方法还不能全部清除鼻子里面的鼻屎，只能清除少部分。

其实，最科学的方法是用洗鼻的方法清理鼻孔里面的鼻屎。因为洗鼻所使用的水，是浓度约为0.9%的无碘盐温盐水，这种浓度的温盐水和生理盐水的浓度一样。用这种配置的盐水来洗鼻腔，不仅能泡软鼻屎，还能将鼻道里的鼻屎和其他有害物质都清洗干净，能从根本上减少鼻屎生成量。

小链接

有时候鼻屎会让我们的鼻孔很痒，忍不住想用手去挖一下，但是挖鼻子也要注意场合，要是你手上正在做着比较重要或者比较危险的事情的时候，就要等做完了再来处理，不然，结果可能会让你后悔不已。下面给大家讲的就是一个活生生的例子。

2012年12月23号，在沪宁高速路上，有一个轿车司机，因为在驾驶的过程中感觉鼻孔特别痒，就用右手的手指去挖，结果那个时候车正好在拐弯，没有把握好方向盘，不慎撞到了路边的护栏上，而手指就活生生地插在了自己的鼻孔里面。最后，不仅车被撞坏了，影响了交通，人也进了医院。

这个血的例子告诉我们，在以后挖鼻屎的时候，一定要注意场合！

师生互动

学生：有时候，早上起床时，总感觉鼻屎特别多，老师，这究竟是怎么一回事呢？

老师：鼻屎是鼻腔的正常分泌物，鼻屎的多少和你所处的天气、湿度、环境以及个人习惯都有很大的关系。如果你经常都有这样的感觉，那肯定就是你周身的环境受到了破坏。但是，不管是哪一种情况，你都要多喝水，多吃绿色蔬菜和水果。当鼻腔里面有了鼻屎的时候，如果挖不出来就不要硬挖，小心破坏鼻腔从而导致感染！

口腔保护神——口水

◎智智和同学们走进实验室的时候，发现每一张桌子上的显微镜旁边都有一个小杯子。

◎同学表示什么都不知道。

◎这个时候，站在讲台上的老师告诉了大家，小杯子究竟是怎么一回事。

◎同学们都很诧异。

那个是用来装你们的口水的，我们今天要研究的就是我们的口水。

咦？怎么每一张桌子上都有一个小杯子啊？

口水被显微镜放大之后是啥样予的？

口水是每个人，甚至每只动物都拥有的东西，且分泌非常旺盛。一个人一天大概要分泌 1 到 1.5 升口水，某些动物比人还要多一些，比如牛和羊等一些素食动物，它们一天所分泌出来口水大概占去了总体重的

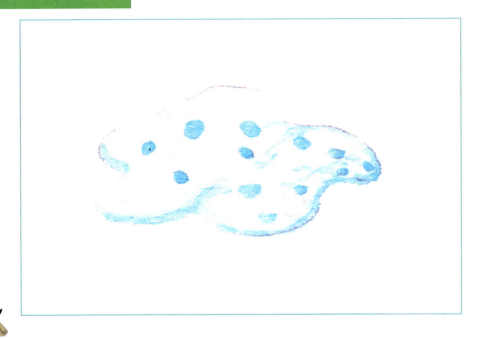

三分之一。不管是人还是动物，所分泌出来的口水，其中百分之九十九的含量都是水。在古代的时候，人们把口水称为金津玉液，意为非常珍贵的意思。但是现在，已经没有人这样形容口水了，他们会觉得一个人流口水的话，非常难看和不干净。

口水是透明的，在显微镜下，口水的表面非常光滑。在口水上，有很多的小水珠，大小不一样，那都是一些湿润和清洁我们口腔的有益物质。

口水是怎么形成的？它们的作用是什么？

口水主要是由口水腺所分泌出来的。在口腔里，有很多个这样的口水腺。但每个口水腺都不是一样大的，有大有小。小口水腺一般分布在口腔的黏膜里面，大口水腺一般分布在我们的腮帮、舌头下面、颌下等部位。这些部位在分泌口水的时候，也会受到我们的大脑和吃的东西以及周围的环境和自身年龄等因素的影响。因此，每个人每天分泌的口水的量都不一样。但是最少也是500毫升，低于500毫升的话，就证明身体出毛病了！

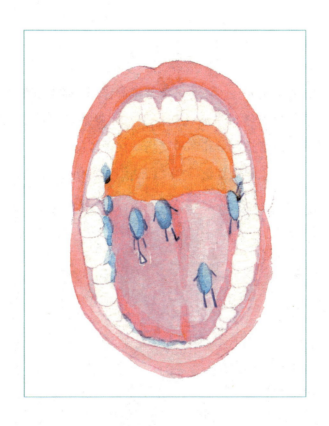

　　口水虽然流出来给人的感觉不干净，也不雅观，但是它的作用却不可小觑呢，它给人类带来了很多帮助。口水能湿润口腔和包在嘴里的食物，能够方便我们说话和吞食，并且还能移动那些停留在舌尖味蕾上的食物，让我们尝到食物的味道。口水还有保护和清洁口腔的作用，同时杀掉空腔里面的细菌。

　　另外，口水中还含有碳酸盐、磷酸盐和蛋白质等物质，对牙齿具有保护作用；还有助消化的淀粉酶，也有能对抗细菌、清洁口腔的成分。

我们可以通过口水检测癌变、艾滋等疾病。除了优点，口水也是有缺点，它们能轻易通过那些带有病菌的人体，把疾病传播到健康的人身上，要小心哦!

治愈伤口、光泽皮肤的口水

口水还有消炎止痛，止血，杀菌解毒等作用。要是我们在生活中不小心被擦伤了，可以将口水涂在伤口上。你要是足够仔细观察生活的话，就会发现：我们的舌尖和嘴唇受伤，在很短的时间里面它们就能愈合；动物受伤了也经常舔舐伤口，从而达到治愈伤口的目的。这些都充

分证明了口水的功效。嘿嘿，再讲一个真实的故事吧：在德国巴伐利亚有一家皮肤病医院，当地的医生们就是采用以乳牛舔舐的方式，用口水治愈了神经性皮炎和牛皮癣等皮肤疾病，而且效果还非常好。

口水除了能治愈我们的伤口之外，还有养颜护肤等美容功效呢。这可不是吹牛，在古代的时候就有养生家发现了这一特点！明代养生家冷谦就在他的著作《修龄要旨》中写道："颜色憔悴，所由心思过度，劳碌不谨。每晨静坐，闭目凝神，存养神气，冲胆自内达外，以两手搓热，拂面七次，仍以漱津涂面，搓拂数次。依按此法，行之半月则皮肤光润，容颜悦泽，大过寻常矣。"

现代的医生通过研究也发现，口水的生成主要是以血浆为原料，其中有些成分对皮肤细胞有很好的营养作用，而且不会引起过敏。口水中所含如溶菌酶、淀粉酶等多种生物酶呈弱碱性，可以消除脸上的油脂，还可以杀灭一部分面部细菌，避免面部长疔生斑哦。所以，可以试一下用口水涂抹面部，结果一定会超乎你的想象！

小链接

除了我们自身的口水很有营养价值之外，某些动物的口水也非常有营养呢！比如我们平时所说的燕窝，就是燕子的口水成的。燕窝的营养价值非常高，燕窝含有大概百分之五十的蛋白质和百分之三十的糖类，以及一些其他的矿物质。

不过，并不是什么燕子都能产生燕窝！我们平时所看到的在屋檐下的那些燕子是家燕，它们的口水是没有营养的。能产生燕窝的样子是一种叫做金丝燕的燕子。

师生互动

学生：老师，睡觉的时候流口水是怎么回事啊？

老师：很多人都有睡觉的时候流口水的情况，一般睡觉流口水有以下两个原因：

口腔不卫生：我们口腔里面的温度和湿度是细菌最理想的繁殖环境，流口水都是这些细菌造成的。同时，我们的牙面和牙缝里面的食物残渣也容易引发牙周病等疾病。口腔让这些东西一刺激，就会流口水。

前牙畸形：这种情况一般是后天造成的，在生活中，你要是经常吐舌头或者咬笔头和指甲等物体的话，就会造成前牙出现畸形的情况。前牙畸形也会造成睡觉流口水。

要想睡觉不再流口水，就一定要注意我们的口腔卫生，养成早晚刷牙和每顿饭后漱口的习惯。如果口腔问题比较严重，一定要记得去医院找医生诊治。或者吃一些维生素等，消除牙龈的安全隐患，以减少刺激。

万物生命之源——水

◎这节显微镜课刚开始的时候，老师在讲台上问了大家一个问题。

◎同学们听完之后就猜开了。

◎智智想了一会儿，就脱口而出了一个答案。

◎老师表示，智智猜对了。

科学 原来如此

透明的水

　　水是一种没有颜色、非常透明的物质，在显微镜下，也是透明的，看不出来什么特别的东西。

　　水一般分为两种，一种是天然水，另外一种是人工制水。天然水所

指的范围非常广泛，包括河流、海水、大气水等等，人工制水主要指的是我们通过化学反应使氢氧原子结合，而得到的水。水是一种常见且非常重要的物质，要是没有水，地球上的生物是不能存活的。水对地球上的所有生物，包括人和其他动物、植物等的进化都起着非常重要的作用。嘿嘿，不仅是现在，在古代的时候，我们的先人就在开始研究水了，不是有金、木、水、火、土这个说法吗？可见水对我们的人类多么重要！

水所做的伟大贡献

要是你几个小时不喝水的话，就会感觉嘴巴非常干，不舒服对不对？这时候，只要你喝一口水就会好多了。其实，世界万物都离不开

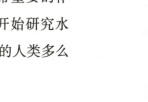

水，水给我们人类所做的贡献是伟大的，是不可替代的。

生命离不开水：有水的地方，就会有生命，要是没有水，再顽强的生命也存活不了多久。人类体重的65%都是水，脑髓的含水量甚至高达75%，血液更是达到了83%，肌肉含水量也有76%，甚至坚硬的骨骼也有22%是由水构成的。要是没有水，我们根本就无法吸收食物的营养，也无法进行最基本的排便功能。当我们体内的水缺少了1% ～

2%时，你就会感到口渴，想喝水。达到5%的时候，则会口干舌燥，皮肤会有反应，起褶皱，意识不清，甚至还会出现幻觉等情况。而缺水量一旦超过15%，那么恭喜你，这远比饥饿可怕得多。要是没有食物，我们还可以存活两个月左右；要是没有了水，我们的生命顶多只能维持

一周。

植物也离不开水：夏天时，当你手握植物时，会觉得很凉，很舒服，那是因为有水的缘故。植物中往往含有大量的水，大约占食物本身的80%，蔬菜含水量最多，高达90%～95%，水生植物更是达到98%以上。水不仅是植物输送养分的重要工具，还可以使植物花枝招展，变得非常漂亮好看。还有更重要的作用，就是对植物进行光合作用。同时，植物也通过蒸腾水分的方式保护自己不被阳光灼伤。满身是水的植物一生都在消耗水。试想一下，要是没有水的话，这个世界上还可能有植物存在吗？

水是工业的血液：不管是对一个国家还是个人的生活，工业都是非常重要的，要是一个国家没有工业，那这个国家一定就会非常贫困，没有什么幸福可言。而工业生产是离不开水的，可以说水是工业生产的血液。在工业生产的整个环节中，不管是制造、加工、冷却还是净化、空调、洗涤等都离不开水。钢铁厂需要靠水降温，钢锭轧制成钢材需要用水冷却，高炉转炉的部分烟尘要靠水来收集。制造一吨钢需要25吨水。在造纸企业，制造一吨纸需要450吨水。还有火力发电厂，不要以为"水火不相容"，即使是火力发电也是需要水的参与。食品厂就更不用说了，煮沸、蒸馏、和面、腌制、发酵哪些过程能离开水？还有酱油、醋、汽水、啤酒等，几乎就是水的化身。看到了吧？我们根本就离不开水。

哪些水是不能喝的？

我们离不开水，要是一天不喝水，我们就会干得受不了。但是，水虽然好，并不是什么样的水都能喝哦！下面就给大家列出一些生活中不能喝的水，千万要记住，这些水千万不能喝，喝了就会出事的！

生水：生水就是纯天然的水、没有经过加工的水，这样的水是不能喝的，喝了会引发肠炎、肝炎等疾病。

老化水：老化水就是被我们长时间贮存的水，这些水的毒性非常强，也是不能喝的！

蒸锅水：顾名思义就是蒸东西时剩下的水，要是喝了这种水，或者用这种水来煮饭的话，可能会引起亚硝酸盐中毒！

煮开两次的水：很多人认为，把之前剩余的温开水重新烧开的话，就可以再次饮用。其实，这是错误的，这样会使水中亚硝酸盐含量大大提高，而亚硝酸盐又是一种能让人中毒的物质。

千滚水：在火上沸腾了很长时间，或者反复沸腾的水叫"千滚水"，这些水中亚硝酸盐的成分很多，要是喝多了会引起腹泻、腹胀等症状，严重的还会造成缺氧、昏迷甚至死亡等现象！看看，这是多危险啊！

没有烧开的水：我们饮用的自来水都是经过氯化灭菌处理的。这种水会分离出 13 种有害物质，甚至有一部分会致癌呢！当水温达到 100 摄氏度的时候，这些有害物质才会被消灭，连续沸腾 3 分钟就可以认为是安全的了。所以，千万不要喝没烧开的水。

小链接

在我们生存的地球上有 13.86 亿立方公里的储水量，而淡水只占 0.9%，我们通常所说的水资源主要是陆地上的淡水资源；而其中我们容易利用的只占全球淡水总量的 0.3%，也就是全球总水量的 7/100000，这其中在南北两极以冰雪形式储存的占绝大部分，而我们日常生活用水的来源，湖泊、河流和浅层地下水只占淡水总量的 0.02%。由此可见，我们的水资源还是特别稀少的，所以在平时的生活中，我们一定要养成节约用水的习惯，因为水资源实在是太少了！

师生互动

学生：老师，我们一天应该喝多少水才合适？

老师：我们必须要保持我们体内有充足的水分，因此我们一天最少也要喝 6~8 杯水，千万不要怕尿多而懒怠，身体的健康才是最重要的。一杯水的容量大概为 200 克左右。冬天的时候，天气不是那么炎热，可以多喝一些粥。要是喝水太少的话，还会引起口臭哦！不喜欢口臭吧？那就多喝水吧。

肮脏的地毯

◎ 智智和明明边往实验室的方向走，边聊天。

◎ 智智很高兴地说到昨晚睡觉的事情。

◎ 明明表示很惊讶！

◎ 这时候，老师出现在了他们的身后。

地毯的表面用显微镜才能完全看到

如今，生活水平提高了，我们很多家庭的客厅都会铺上一层地毯，这样看起来不仅美观大方，还能保护客厅的环境。而且，地毯不仅是生活用品，还是工艺品呢，在人类的历史上已经非常悠久了。可能有很多小朋友都觉得，地毯是很干净的，在客厅里玩累了的时候，就席地而坐，甚至有时候还睡在上面。地毯其实并不干净，因为它直接接触地面，地面上除了一些灰尘之外，还有很多用肉眼看不见的小坏虫依附在上面伺机行动呢！

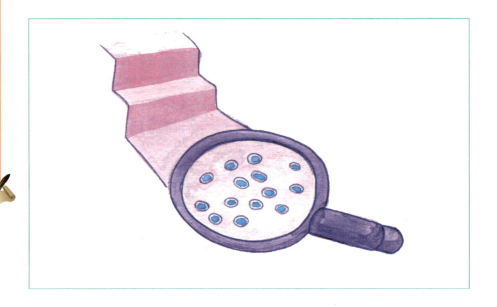

把地毯在显微镜放大的话你就会发现，地毯的表面就像一片长满树木和花草的广袤"森林"一样，在"森林"里面，有很多各种各样的小坏虫在爬来爬去的，它们的形状各异，有的长得像蚊子，有的长得像蜘蛛，有的甚至还长得像毛毛虫。是不是很可怕啊？没想到看起来干干净净光鲜亮丽的地毯会是这个样子吧！还有更可怕的呢，这些小怪物们，有的是吸人血的，有的是吃地毯上的纤维的，有的还是糟蹋我们放在客厅里面的食物的。总的来说，这些小家伙都是坏家伙，我们一定要远离它们！

地毯给我们生活带来的帮助

地毯的使用是如此的广泛，那么在生活中，地毯究竟给我们带来了什么样的帮助呢？嘿嘿，下面就来给大家慢慢介绍。

给人美感：每张地毯都是不一样的，上面有很多各种各样的精美图案，颜色和造型也灵巧多变。要是房间铺上地毯的话，会变得非常漂亮，给人的感觉也不一样。曾经就有人因为在外面受气了，回到家看到客厅的地毯就心情愉快的新闻报道。

具有隔音效果：每一张地毯都设计得紧而密，还能透气，可以吸收和隔绝我们所发出来的声音，隔音效果非常好的！铺了地毯的房间一般

都给人非常清静的感觉！

　　能改变周围的空气：地毯的表面有一层皮毛，这些皮毛能把那些飘浮在空气中的灰尘和细菌都吸走了，因此我们房间的空气就能得到改善了！

　　另外，地毯还是一种没有害的物品，几乎是纯环保的生活用品。不像我们墙上所使用的甲醛，会散发出有害的气体。

地毯与我们健康的关系

　　如果你还记得你们搬新家的那一天，你就会想起，你的爸爸妈妈为了能让新家看起来更漂亮一些，买了很漂亮的地毯铺在客厅的地板上。但是，你爸爸妈妈可能都不知道，其实地毯上面有一些非常小的有害的家伙在影响着我们的健康。

　　如果你现在在家里看书，正好家里也有地毯的话，你就观察一下地毯，你就会发现地毯上的经纬线一般都比较粗，线跟线之间的空隙也比较大，这样导致的结果就是地毯特别容易积攒灰尘。这些细小的灰尘还会在你翻动地毯的时候飘到空气中，污染我们房间里的空气。要是冬天，这些灰尘就会因为高温而改变它们的本质，变成能危害我们身体健康的坏物质！

　　如果你喜欢关心国家大事就会发现，与我们国家相邻的一个叫做日本的国家，近几年因为地毯而引发了一种非常可怕的疾病。这种疾病一般都只针对刚出生不久的婴幼儿，因为他们不仅喜欢在地毯上爬来爬去，抵抗力还比较弱，因此发病率比较高。感染这种细菌后会出现高烧和舌头肿胀以及双手脱皮等症状，严重一点的，还会直接导致死亡。导致这种可怕情况出现的就是一种藏在地毯里面叫做蜱螨的害虫引起的！这个家伙通过皮肤进入患者的肺或支气管，从而引发疾病！

　　地毯还有这么可怕的一面，所以，在生活中一定要千万注意！在选

购地毯的时候，最好选一张大的能把这个房间铺满的那种，另外，如果你想在床前或者沙发前铺地毯的话，最好选一些比较小块的地毯。

在清洁地毯的时候需要注意什么？

地毯是天天都要踩的东西，因此一定要注意清洁卫生。最好每天都用吸尘器清理一次，千万不要等到灰尘积攒得太多了再清理，否则不光难清理干净还会影响我们的健康呢！要是你使用的墨水不小心滴到了地毯上，千万不要慌，可以用柠檬酸擦拭，擦拭之后最好用水清洗一下，再擦干就好了。要是你不小心将玻璃水杯打碎了，而残渣又恰巧弹到了地毯上的话，也不要慌，可以用比较宽的胶布将碎渣粘起来，不过做这个工作的时候要仔细一点，不然残渣可能会扎到你的脚哦！

另外，要是家里的地毯在同一个位置放了好几年的话，你一定要提醒一下妈妈，该换位置了。

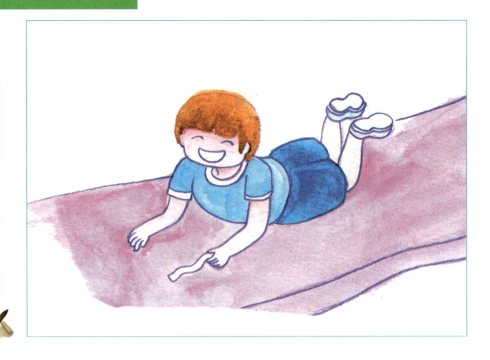

　　不能让地毯一直保持同一个姿势，这样不好，应该让它的每一个角落都得到均匀的摩擦。当地毯的表面不平整，坑坑洼洼的时候，用手轻轻拍打它就可以了，不要太用力。要是你拍打了也没有效果的话，可以试着用蒸气熨斗轻轻熨一下。

小链接

　　其实，地毯还有一个非常重要的作用，那就是安全性。你要是摸过地毯的话，就一定会发现，那是一种非常软的材料制作而成的，要是房间里面铺了地毯的话，人走在上面就没有滑倒的危险。就算滑倒了也没有关系，因为地毯是柔软的，人不会受伤的。

师生互动

　　学生：老师，地毯一般都铺在什么地方呢？

　　老师：地毯的应用很广泛，除了我们房间和客厅的地上铺地毯之外，一些宾馆和展览厅，还有洞车上和飞机上，还有会议室等地方也会铺地毯。主要是为了减少噪音和隔热的效果。

你家的菜板干净吗

◎智智放学回家后就冲到厨房里面去拿菜板。

◎妈妈觉得很奇怪，就跟着进了厨房。

◎智智便把今天在学校里面学的知识告诉了妈妈。

◎妈妈笑着摸了摸智智的小脑袋。

不干净的菜板

　　菜板是家家户户必不可少的生活用品，要是没有菜板，就根本做不了菜，要是做不了菜就要饿肚子。菜板和我们吃的食物息息相关，我们吃的东西，有很多都要用到菜板。因此，菜板卫不卫生、干不干净是非常重要的。有时候，菜板看起来是很干净的，但那是我们的眼睛欺骗了我们，菜板上有很多微小的东西是我们的眼睛捕捉不到的。

　　通过显微镜观察菜板的话，你就会发现，菜板上有很多各种各样的微细菌，红黄蓝绿颜色的细菌都有。细菌的形状也各异，有的像杆菌，有的又像昆虫，甚至还有长得像蚯蚓的细菌。它们大多数都是对我们身体有害的细菌，要是不小心把它们吃到了肚子里，我们的肚子可就要遭殃了。一块普通的菜板上，就有大概两百万个葡萄球菌，好几万个大肠杆菌，要是你的菜板还切过海产品的话，上面还带有一种能引起食物中毒和肠道疾病的链球菌。因此，一定要注意菜板的清洁卫生，经常清洗它！

如何保持菜板的清洁？

菜板脏了，要是不洗干净就使用的话，会给我们带来各种伤害，那我们在平时的生活中应当怎么保持菜板的卫生呢？

第一种清洁菜板的方法：切菜的时候，生菜和熟菜一定要分开切，在切下一种菜之前一定要将菜板清洗干净。生菜上面有很多各种各样的细菌和寄生虫所排出来的卵，当它接触到菜板的时候，菜板很自然地就感染上了它所携带的各种。如果切完了生菜，不清洗菜板就直接切熟菜的话，熟食也就会感染上这些细菌和寄生虫哦，而熟食，我们又是直接食用的东西！不过，最好的方法是准备两块菜板，切熟食的时候用一块，切生菜的时候用另一块。

第二种清洁菜板的方法：当菜板被使用过后，一定要用硬板刷狠狠地刷一遍，然后再用清水冲洗一遍，要将菜板上的污垢物体和它所连带的木屑一起清理掉，这样菜板才算干净了。要是菜板上有鱼肉和猪肉的味道的话，可以用带有盐的水洗一遍，然后再用温水洗一遍，注意不要用冷水哦！更不能用开水！因为鱼肉和猪肉的蛋白质还残留在菜板上，要是用开水的话，它们就会凝固起来，是很难再洗掉的！最后，千万要记住，洗完之后一定立起来放！

第三种清洁菜板的方法：我们家里用的菜板一般是木质的，木质的菜板上面一般都有缝隙和被小虫腐蚀了的小孔，这些缝隙和小孔容易滋生出有害细菌，因此要经常洗刷或者用开水烫烫。在夏天的时候，由于气候比较潮湿且炎热，菜板很容易就会长霉，应当将菜板放在通风的地方，这样就会好一些。要是菜板长出来的霉已经很老了的话，可以用清水洗了之后再放到通风的地方或者太阳下晒。但是记住，千万不要放到太阳下暴晒，这样的话，菜板很可能就会被晒得变形，从而影响妈妈切

菜哦!

　　另外，当菜板使用了一段时间之后，可以用菜刀将上面的木屑刮一层下来，这样做不仅彻底清除了上面的细菌，还能让菜板变得更加平稳，从而更方便使用呢!

如何分辨铁木菜板和普通木菜板?

　　市场上虽然卖木菜板的商家特别多，但是有一种叫做铁木菜板的木菜板比一般的普通木菜板要好用很多，这种菜板不仅很耐泡、没有腐蚀性、表面也特别光滑好看，使用的寿命也特别久。要是选用木菜板的话，最好还是选用这种优质的木菜板。那么，究竟怎么区别铁木菜板和普通木菜板的区别呢？

　　可以首先看它们之间的密度，铁木菜板的密度较大，放在水里的话，它会沉下去，要是一般的木菜板就不会沉下去。还可以看它们之间的纹理，铁木菜板的纹理是纵横交错的，而普通木菜板就比较规则，一条线从头到尾。两种菜板的硬度也不一样，你用手指甲去划它们的表面就会发现铁木菜板不会有痕迹，但是普通菜板却有哦。最后还可以听声音来分辨它们，你要是用铁锤敲铁木菜板的话，它会发出叮叮当当的声音来回应你的敲击，而你要是敲击普通的木质菜板的话，它只会发出啪啪叭叭的声音。

 小链接

很多妈妈都喜欢用木质的菜板，其实竹菜板要比木质菜板好很多呢！竹菜板不仅光滑和耐用，还不会轻易变形，也不会轻易掉竹渣，更不会轻易染上你切的菜的颜色。而且竹菜板不容易滋生细菌，这为我们的健康生活提供了基础保障。是很不错的选择呢，要是你妈妈还在用木菜板的话，你可以建议下她，叫她用竹菜板试试。

     师生互动

学生：我们家里使用的菜板，一般什么时候换一次？

老师：菜板上确实有很多各种各样的细菌，但是这和菜板的使用时间和换不换菜板没有什么关系。因为我们每天都要对菜板进行消毒并清洗，这是不能忽视的步骤。只要你保护得好，就不需要换菜板，除非它已经坏了。

吸血的虫子

◎这天，智智和同学们走进实验室准备上课的时候，看到老师的讲台旁边放着一只很可爱的小狗。
◎智智正准备去摸的时候，被老师制止了。
◎智智表示很不理解，用小狗做实验？
◎老师知道智智理解错自己的意思了，就和他解释了一番。

科学 原来如此

虱子被显微镜放大之后很可怕

　　如果你平时喜欢小猫小狗的话，就千万要注意了，一定要注意它们的清洁卫生。因为它们身上带有一种叫做虱子的害虫，这是一种非常可怕的害虫，会吸血呢！要是小猫小狗不干净的话，你去拥抱或者抚摸了它们，虱子就会在这个时候悄悄地爬到你的身上来。然后，它们就会开始在你身上吸血和排卵，你会感觉浑身特别痒，这个时候就需要开始采取有效措施了！

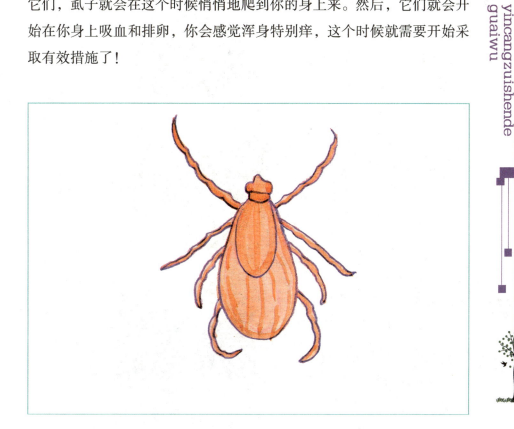

虱子被放大之后其实是很可怕的，它的头上有两个触角，就在嘴巴两边，触角上面有结。虱子的下身比上身宽大，呈蛹状，表面也不平整，有的地方会鼓起来，有的地方陷了下去。虱子的上身有六只角，角很尖很尖，就像虾子的大夹子一样，要是被挖一下，会很疼很疼的。另外，虱子的全身还长有非常细的毛。

要是身上沾上虱子之后会出现什么样的症状？

虱子主要是通过我们和不干净的猫猫狗狗等动物接触的时候感染上

的，它们会给我们带来很多各种不好的让我们烦恼的症状。那这些症状究竟是什么呢？

首先，虱子会让我们感觉浑身都非常瘙痒难耐，这是最常见的症状。之所以会瘙痒，是因为虱子在我们身上用它们的爪子在挖洞吸血，并将它们的口水注入到所挖的洞里所造成的。虱子每天都会吸好几次血，只有在它们吸血的时候才会开始挖洞，所以我们身上的瘙痒都是一阵一阵的。虱子叮咬之后，我们的皮肤会有非常小的孔，但是这些孔我们用肉眼是看不到的。这些皮肤会变红，上面有很多小红

斑点，千万不要去抓，要是抓的话是会感染的，感染之后情况就会变得更糟，会出现脓疱和结痂等症状。

除了瘙痒之外，虱子还会在我们的身上留下虫卵，这些虫卵一般都是灰色或者白色的，就在我们的毛囊根部。这样做主要是为了繁殖下一代，所以，我们一定要注意卫生，只要一感到身上瘙痒了就要洗澡或者换衣服，杜绝虱子在我们身上繁殖。

另外，感染虱子之后，身上还会出现青色的色斑，主要出现在虱子咬了的地方，大小应该有 0.2～2cm 不等，肉眼能够看到。青斑不疼也不痒，也不会变颜色，一般会出现好几个月时间。至于为什么会出现这样的情况，现在还不知道，估计是虱子在我们身上叮咬的时候，它们的口水有毒所导致的。

以上所说的这些症状，并不是每个感染了虱子的人都会出现呢，因为每个人症状的轻重都不一样，不过，一般都只有这样几种情况出现。

如何杀灭虱子？

要是你沾上虱子了的话，它们会随着人体的活动传播到我们接触过的任何东西。比如衣服和被子上，还有更恐怖的，比如我们的头发上。那么，我们究竟怎么才能消灭这些讨厌的虱子呢？

要是衣服或者被子上沾上了虱子，处理方法比较简单。我们可以把被感染了的衣服和被子放在水里，煮上大概十分钟，然后再拿出来晾干，虱子和它们的卵基本上就被杀死了。不过有些毛料衣服可能不耐湿和热，这也没有关系，可以选择去洗衣店干洗，这样也可以杀死虱子的。

要是我们的头发上沾上了虱子的话，可以选择最简单直接，而且最有效的办法。就是将我们的头发剃光，然后再用温水彻底清洗头皮，这

样就能彻底清除它们了。不过，有些女孩子或者不愿意剃光头的男生也可以选择使用药物来杀灭头发里面的虱子，可以选择那些效果很好，但是毒性比较低的药物。可以用10毫升的酒精和90毫升的中性洗发水配成药液来洗头发，这样杀虱的效果也不错。另外，还可以选择用蘸着醋的梳子来梳头发，每天用40毫升左右的醋就差不多了。虱子最怕醋了，用醋能把它们从头发里面赶出来。不过，用醋梳了头发的话，一定要记得洗头哦，不然头发上会有酸味！

　　另外，除了我们身体之外，空气中和地板等地方也会有虱子，这些地方我们直接喷洒敌敌畏和杀虫剂就可以杀死它们了，无需担心。

 小链接

　　虱子不仅可怕，而且它们的寿命还挺长的。一只虱子大概能存活六周。每一只雌虱子大概能产下 10 枚卵，这些卵会非常牢固地依附在人体或者其他动物的皮肤或者毛发上面。八天之后，卵就会变成幼虫，这些幼虫刚一出生就会拼命咬人吸血。只要吃得好，两三周之后，它们就能蜕皮变成成年的虱子了！

师生互动

　　学生：老师，虱子在地球上生存多少年了？

　　老师：国外科学家曾经做过一个研究，他们研究了 69 种不同虱子的 DNA 后发现，在好几千万年前，当这个地球还在被恐龙统治的时候，虱子就出现了，并且虱子一度骚扰着恐龙的身体，让它们身上发痒，很多恐龙之所以发脾气也是因为虱子。当恐龙从这个世界上消失的时候，虱子也继续进化了。

科学原来如此

钱有多脏

◎ 智智生日的那天，叔叔给了他一百块钱，智智很高兴，就把钱带到了学校，想让同学们羡慕自己一番。

◎ 同学们都很羡慕智智，智智更得意了，他居然把钱放到嘴上亲了一下。

◎ 这时候，老师走了过来，他提醒智智，钱很不卫生，不能放到嘴上。

◎ 见智智有些不相信的样子，老师便告诉他可以通过显微镜去发现。

钱的表面到底是什么样子的?

　　钱是一个什么东西，我相信大家都不陌生。我们每天只要出门，几乎就会和钱打交道，钱能买到我们想吃的零食、想穿的衣服、想要的东西。可以说钱是这个社会必不可少的东西。正因为这样，钱在社会上的流通率才非常高，往往一张纸币会经过很多人的手，因为每个人的手上都有细菌。如此钱就成了这个社会上一个比较大的污染源，影响着我们的健康。钱对我们身体的危害一点也不比有"四害"之一之称的苍蝇差。

　　要是把一张纸币放到显微镜下的话，你一定会惊讶，因为钱实在是太脏了。钱上面除了一些被放大的纹路之外，还有很多各种各样的细菌在上面，那些细菌有的在动，有的静止着，好像在睡觉；有长条的，有圆形的，还有长得像蜘蛛的等等。但是不管这些细菌长得像什么，它们都是坏蛋，没有一个是好的，这些细菌会让我们患上各种各样的疾病：比如咽炎、气管炎、中耳炎、感冒、流感、腹泻、肠道寄生虫病、传染性皮肤病等等。以此看来，钱真是太脏了。

钱上是怎么沾上那些细菌的？

要想知道钱上面为什么会有那么多的细菌，就要首先了解钱的流通过程。

前面已经说过了，钱和我们的生活有很密切的关系。一张钱，如果有可能的话，在一天之内可以去很多很多地方，比我们人一天走的路还要多。钱在印钞厂印刷好之后，就会被送到银行，然后再经过银行的工

作人员到取款人员的手上。取款人员会把钱拿去用于各种用途，经过各种各样人的手，比如买菜、买衣服、买小吃什么的。有些人还很不讲卫生，用口水蘸着手去数钱，要是一个人有肝炎和肺炎等疾病的话，这些

疾病的细菌或者寄生虫就会通过这途径跑到钱上去。然后，不知道情况的人再拿着这些钱去各种地方买东西或者用作各种用途，比如菜市场、商场、医院等等。

在这些过程中，会有给钱和找零等行为的产生，钱又会受到各种物体和不同人手的污染。要是一个人的钱太多的话，又会把钱清点好，然后拿着它们去银行并存在银行，银行的工作人员会点一次才会入账。要是有人来取钱的话，工作人员又会把这些钱清点好之后，再拿出来，发出去。

在这个过程中，又会经过各种人不同时期的手，而这些手之前和之后碰过什么东西或者会碰什么东西，谁也不知道，但是那些东西上面肯定是有细菌的，这一点毋庸置疑。

就这样，一张钱就这样被循环下去，经过一天又一天，一年又一年，过了千千万万人的手。直到钱最后被磨损坏，不能再继续使用了，银行才会回收它。虽然钱最后被回收了，但是它们给我们身体健康带来的影响还远远没有结束。有很多人得病住院，钱都有不可推卸的责任，因为在钱的传播过程中，它们携带了太多的细菌，这些细菌让某些人被感染，从而生病。

在生活中，我们用钱需要注意一些什么呢？

钱上面的细菌有很多很多，随便拿一张纸币，上面就带有金黄葡萄球菌、绿脓杆菌、大肠杆菌、甚至肝炎病毒等各种各样的细菌。为了检测出来这些细菌具体所占的含量，科学家们做过一个研究，他们发现，一张纸币上，大肠杆菌的含量最高，占到了 72.46%。其次是变形杆菌、沙门氏菌，分别为 63.38%、22.4%，除此之外寄生虫卵的占有率也相当高。每张钱上面，平均带有的细菌高达到 118 万个，曾经有家报纸报道说，在纸币上，每平方厘米所带有的细菌最多为 11 万个，最少也有 7000 多个。这实在是太可怕太恐怖了，想不到钱这么脏！

那我们在平时的生活中，用钱之后，需要注意一些什么呢？

有很多人都没有意识到钱上的细菌是有多肮脏，在接触了钱之后也没有清洗双手的意识，就直接进食。这时候，细菌就会出来作怪，导致自己患病。

正确的做法是，在和钱接触之后，要用肥皂或香皂等清洗物清洁自己的双手。在清洗的时候不要敷衍了事，要采取搓、洗、冲、擦等方法，还要把手腕和手背还有手指也顾及到。洗手的时间一般要持续一到三分钟，这样手才能洗干净。

通过一个小实验，我们就能亲身感觉到钱上面的细菌是什么样的。

首先，可以找一些培养基，然后掏出纸币或者硬币，最好是硬币。把钱的两面分别在培养基上按一下，然后再把培养基密封起来，慢慢等待着钱上的细菌出现。三四天之后，就可以拿出培养基了，这个时候你就会发现，培养基上长出来了一些白色的东西，也有一些绿色的东西，而且，白色的东西上面还有白绒绒的毛。这些东西的形态和大小都不一样。

再过几天之后，你又会发现，白色细菌和绿色霉菌的菌落越来越多，而且菌落也变得越来越大。这些东西就是钱上面的细菌，是不是觉得很恶心？因此，在平时的生活中一定要注意自己的清洁卫生，因为细菌是无处不在的，不好好保护自己，它们就会侵袭我们的身体。

师生互动

学生：老师，除了我们国家的人民币，钱的种类还有多少？

老师：人民币是我们国家的货币。除此之外，在世界上流通得比较广泛的货币还有美国的美元、英国的英镑、欧盟国家的欧元等。这些钱在世界上都用得比较广泛，而且还特别值钱，一块可以换好几块人民币呢！另外还有一些不值钱的货币，比如越南盾、缅元、日元等等。

不要咬指甲

◎智智发现自己的手指甲已经很长了，有
　些不舒服，但在学校里又找不到剪刀，
　他便用嘴巴去咬。
◎这时候同学明明过来了，他看到智智这
　样，觉得很不卫生。
◎智智却觉得没什么。
◎就在这个时候，老师走了过来。

科学 原来如此

指甲到底有多脏？

指甲是我们每个人都拥有的东西，剪掉了也能很快长出来。指甲是我们皮肤的附件，有很多功能，它们给人类最大的帮助就是保护我们的手指不会受到损伤，从而维持它们的稳定性。其次指甲还能增强我们手指触摸和抓碰某些东西的敏感性，同时还有协助手指抓、挟、捏、挤某些东西的功能。另外，指甲甲床的血供量非常丰富，这些丰富的血能起到调解手指血供和体温的作用。另外，指甲对一个人手部的美观起到了非常重要的作用，往往好看的指甲还能增强一个人的魅力和吸引力。

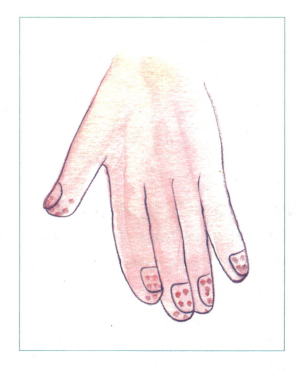

虽然，指甲给我们人带来了很多的帮助，但它同样也有不好的地方。那就是，它很脏！那么，指甲究竟有多脏呢？通过显微镜观察指甲的两面就能得出结论了。

在显微镜下，指甲已经无法用脏字来形容了，因为它实在是太可怕了。被显微镜放大之后，指甲已经失去了它最基本的色泽，它的表面爬满了细菌，几乎看不到一块有空隙的地方。指甲表面细菌的密集程度已经到了一种可怕的地步，那究竟有多密集？打个比方，就像一堆沙子一样，一堆沙子见过吧？指甲上面细菌的密集程度就像沙子那样。那这么多的细菌都是怎么来的呢？都是我们的手指在接触某些东西时被污染到的，或者不注意清理所遗留下来的细菌滋生的。据说一个指甲一天所感染上的细菌大概有一百多万个！这实在是太可怕了！因此，我们一定要注意卫生，谁都不想自己的指甲脏脏的见不得人吧？

指甲与我们的健康

你一定有一个生活经验：一个人要是不健康的话，通过他的脸色就能看出来。指甲也一样，要是一个人的身体有病的话，通过指甲就能看出来。那么指甲会出现哪些症状呢？这些症状又代表着我们的健康出现了什么样的问题呢？请看下面。

指甲变得苍白：指甲变得苍白是我们的身体缺乏锌元素和维生素 B6 造成的，也可能是由贫血所引起的。可以通过平时注意营养和食用绿色饮食来改变这种情况，要是饮食调整之后指甲依旧是苍白的，那就要赶快去医院看看了。

指甲出现凹痕：直接出现凹痕，这是一种很明显的昭示，表示身体里面极度缺乏内钙质、蛋白质、硫元素等营养物质，因此要赶紧补充。这些营养物质可以从蛋类或者大蒜中获得，经常食用这些东西，凹痕的症状就会变好。

指甲变软：指甲变软很大的原因是因为与水或某些指甲类化妆品过度接触而导致的。同时也和情绪不好、饮食不规范有很大的关系。出现这种情况之后，可以在没事的时候多吃一些向日葵籽，向日葵籽能补充体内的维生素 A。还可以每天口服 5000 毫克的白云石，白云石能增加我们体内钙、镁两种元素，而且治疗效果也很好，三个星期左右就能使

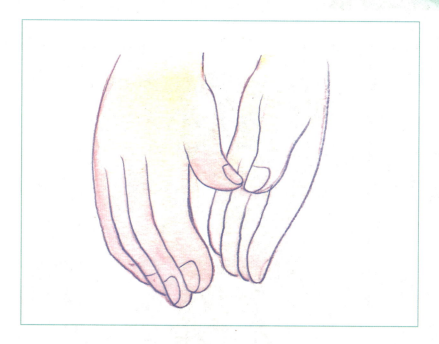

变软的指甲恢复到以前的样子。

指甲没有光泽：出现这种症状最有可能是因为蛋白质、维生素 A、维生素 B、矿物质的缺乏和不足。要想杜绝或者处理这种情况，可以改善伙食，或者食用各种维生素。另外，指甲没有光泽、泛白的话，有可能是患上了肝脏类疾病的预兆，要及时去医院检查，以便得到救治。

如何健康保护我们的指甲？

指甲和我们的健康息息相关，那么我们究竟应该怎么保护它们？使用哪些保护方法才正确呢？

要随时保持指甲的清洁和干燥，这样就可以防止某些能让人致病的细菌或者一些微生物在指甲里面聚集，从而导致我们患病。

有些女孩很爱美，经常涂指甲油。但是不能过度频繁地涂指甲油，

在指甲表层有一层像牙齿表层釉质一样的物质，这种物质能保护指甲不被化学物质给腐蚀掉。指甲油里面带有很多化学物质，这些化学物质能把这种物质给去除掉，这样指甲就失去了保护，对一些带有酸性和碱性的化学物质失去了抵抗能力。要是经常涂指甲油的话，指甲还会非常容易被折断，指甲的颜色也会发黄甚至变黑。

有些人的指甲特别厚，很难轻易被剪掉，在清理的时候可以把手放进加了少许盐的温水中浸泡五到十分钟，等到指甲变软后就可以修剪了，这样不容易损坏指甲。

有一种叫凡士林的护甲品非常好，它的湿润度非常高，不仅对指甲起到保护作用，对手指也有保护作用。用它来保护指甲，在使用的时

候，可以适当涂抹到指甲上，然后轻轻按摩。时间一久，指甲就会越来越光滑，越来越好看。

指甲和我们人一样，也需要很多的营养物质。铁质、蛋白质、硅、维生素A、维生素B、维生素C、维生素D、钙、镁以及啤酒酵母等营养物质都是指甲所需要的。正是因为有了这些物质，我们的指甲才会光鲜亮丽并且健康。因此，为了拥有好的指甲，在平时的生活中，我们一定要注意摄取这些营养物质。

学生：要是在平时的生活中，我们的指甲不小心受伤了，应该采取哪些措施去补救呢？

老师：要是指甲不小心受伤了，最需要注意的就是防止受伤部位的细菌感染。出现了这样的情况一定要及时妥善处理。可以首先把被挤掉还没有脱落的手指甲用纱布或者绷带等东西包扎好，再用冷袋敷住，然后抓紧时间去医院。

科学原来如此　123

　　指甲缝破裂出血这种情况我们在生活中碰到的几率比较大，如果遇到了这样的情况，可以用蜂蜜加温开水搅匀，每天抹几次，破裂的伤痕就能很快好转了。

　　外伤还会导致指甲的甲床出血，要是血液没有流出来，而是使甲床根部隆起而导致疼痛难耐的话，可以用烧红的针在甲根部扎一个小孔，然后再进行消毒，包扎好后很快就没事了。

比马桶还脏的鼠标和键盘

◎这一节课是电脑课，智智来到电脑前，在触碰鼠标的那一刻，他发现鼠标黏黏的。

◎坐在旁边的明明看到这个，就开起了玩笑。

◎智智虽然知道明明只是玩笑，但还是想矢口否认一番。

鼠标和键盘真的比马桶还要脏？

  鼠标和键盘就是和电脑连在一起使用的东西，其重要性就像电脑的主机和显示屏一样重要，要是没有鼠标和键盘，电脑根本就操作不了。

虽然现在已经有很多笔记本电脑不需要鼠标也能进行操作，但是没有鼠标操作起来方便。

国外的科学家对鼠标和键盘进行过研究，发现鼠标和键盘脏得可怕，比厕所里的马桶还要脏。之所以会出现这样的结果，并不是鼠标和键盘本质上比马桶脏多少，而是因为卫生间经常做清洁，马桶被经常洗刷，而鼠标和键盘很少有人会经常去擦拭，就算擦拭，也不会太认真。这就是为什么会说鼠标和键盘比马桶还脏的缘故。

鼠标和键盘的表面被显微镜放大之后，比布满灰尘的瓷砖还要肮脏和可怕，密密麻麻的，就像有千万只蚂蚁在上面爬一样。这些细菌以绿脓杆菌、大肠杆菌、金黄葡萄球菌和链球菌居多，这些细菌都非常坏，能引起泌尿生殖道感染、伪膜性肠炎、脓毒症等各种症状，有些疾病甚至还会让患者全身感染。

鼠标和键盘上的这些细菌都是通过我们的手而沾染上的，因此一定

要注意自己手部的清洁卫生，同时鼠标和键盘也要定期清理，最好能每天清理一次，这样细菌才不会重叠和滋生。

如何正确清理鼠标上的细菌？

要是鼠标脏了，在清理的时候千万要注意一点，因为会涉及到水，鼠标不能通着电清理，这样会损坏鼠标，那可一点都划不来哦！因此确保鼠标不通电是很关键的。接着再对鼠标的表面进行一个简单的清理，这一个环节很简单，只要用一块沾了水的布擦拭就可以了。

可是，清理了鼠标的表面，那鼠标的缝隙里面该如何清理呢？因为那里也是很脏的。嘿嘿，不要着急，请继续看。

要想清理鼠标的缝隙，就只能采取最简单直接的方法了，那就是拆开鼠标，拆鼠标所需要准备的工具很简单：一个十字螺丝刀就可以了。在拆鼠标的时候要注意了，有很多螺丝的隐藏部位都是很隐蔽的，如果你拆开好几个螺丝之后还是发现鼠标不能打开，就不要用蛮力去掰开，要继续寻找其他隐藏的螺丝，因为用蛮力会损坏鼠标。鼠标拆开之后，同样使用一块沾了水的布去擦拭就可以了，但是擦拭鼠标内部的时候一定要注意，不要碰到鼠标的电路板了。

鼠标上的细菌是很多的，尤其是夏天的时候，是细菌滋生最快的季节，为了卫生和健康一定要勤于清理鼠标。

如何正确清理键盘上的细菌？

键盘是我们用两只手接触的，而鼠标我们只是一只手，且键盘的使用时间和幅度远大于鼠标，因此从某种意义上来讲，键盘上的细菌要远多于鼠标。那么在清理键盘的时候，我们应当怎么做，或者有些什么需要注意的呢？

为了键盘的清洁卫生，我们可以在使用完电脑之后，将键盘倒过来，然后轻轻地拍打或者摇晃它，让它身上沾上的细菌尽可能多掉一点下来。键盘之间的缝隙是最难清理的，清理的话会比较麻烦，但是为了身体的健康着想，千万不要怕麻烦。对于键盘缝隙之间的细菌，可以选择刷子或者吸尘器等东西来清洁，在清洁的时候也要注意，一定要断掉键盘和电源的联系。然后，再用沾了水的湿布或者湿纸巾去擦拭这些缝隙和键盘表面。最后再将擦拭过的键盘放到阳光下或者通风的地方一个小时就可以了，上面的细菌基本上就能被清理干净了。

　　要是你使用的键盘已经有好几个月或者大半年没有清理了，最好将键盘的键帽拆下来彻底清洗，因为这么久都没有清洗的键盘已经脏得无法用语言来形容了。如果你的键盘已经脏到无可救药的地步，或者你自己都觉得清洗不了的话，就换掉这个该死的肮脏的键盘吧。不过换了新键盘就一定要注意清洁卫生了，不要再那么懒了，不然的话又要换，这可划不来。如果你实在是太懒了，觉得擦拭键盘是一件很麻烦的事情的话，可以选用一些带有有机硅涂层的抗菌键盘，这些键盘不那么容易沾上细菌。

　　同时，在使用键盘的时候，也要注意自己的坏习惯，不要一边吃东西一边玩电脑，尤其是一些粉状的食物，比如饼干等等。这样你的键盘就会干净很多。不过就算这样，用完键盘之后也要记得洗手。不管怎么说，勤洗手不是什么坏事。

小链接

有很多人都有一个坏习惯，就是边玩电脑的时候边吃东西，这样做特别容易把吃的东西撒到键盘上，让鼠标和键盘成为离我们最近的藏污纳垢之所。如果再加上一些我们不小心喷出来的口水星子和流出来的汗液等带有大量细菌的微生物的话，那键盘无疑就成了一个缩小的垃圾场。这些"垃圾"感染到我们身体上之后，会导致我们犯各种皮肤病，以及肠胃不适、腹泻等等。还有更可怕的，这些细菌还会在我们的抵抗力比较弱的时候侵袭我们的眼睛，让我们患上红眼病。这真是太可怕了！

师生互动

学生：老师，在清理键盘和鼠标的时候，怎样才能做到最大幅度地杀菌？

老师：在清理键盘和鼠标的时候，如果想要清理效果更好一点的话，可以用医用酒精对鼠标和键盘进行擦拭，酒精能起到一个很好的杀菌作用，因为酒精的杀菌能力高达百分之七十，更有利于杀菌。在擦拭鼠标的时候也要注意，不要把酒精弄到电路板上了。

离眼球最近的隐形眼镜干净吗

◎ 这天，智智发现明明的眼睛里面有一块亮晶晶的东西，眼睛也比以前大了许多，便觉得奇怪。

◎ 明明有些骄傲。

◎ 智智却突然有了一个坏坏的想法。

◎ 老师出现在正在争吵的智智和明明的身后，很快老师就了解了具体情况。

隐形眼镜在显微镜下是什么样子的?

　　我们平时俗称的隐形眼镜还有另外一种名字，叫做角膜接触镜。隐形眼镜是一种戴在眼球角膜上的眼镜，其作用和框架眼镜的作用一样，都是用以矫正我们眼睛的视力的。另外，隐形眼镜还能控制我们眼睛近视和散光的扩散和发展，同时在治疗某些眼病等也起到了很重要和特殊的功效。不过，在佩戴隐形眼镜的时候，一定要去正规的眼科医院做检查，选择符合自己眼睛的隐形眼镜，千万不要随便选择隐形眼镜。同时，在佩戴隐形眼镜的时候，也一定注意眼部的清洁卫生，以免眼睛感染上其他疾病。如果你戴了隐形眼镜之后发现眼睛非常不舒服，就一定要去医院进行检查，看看到底出了什么问题。

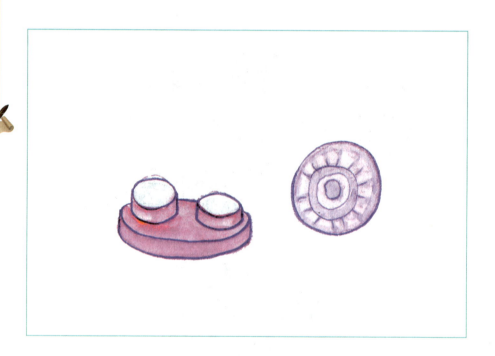

通过前面的研究，我们知道，在我们所生活的这个世界上，存在着很多的细菌，它们分布在各种地方，而且还特别狡猾，我们用肉眼是根本就看不到的。那么，和我们眼球频繁接触的隐形眼镜干净吗？

隐形眼镜用眼睛看起来是很透明的，上面似乎看不出有什么不对或者脏的地方，但要是把隐形眼镜的镜片在显微镜下放大就不一样了。放

大之后的隐形眼镜上面并不是肉眼看起来那么光滑，它上面有很多在蠕动的小生物，这些小生物就是我们所说的细菌。这些细菌最直接侵害的地方就是我们的眼珠，因此在使用隐形眼镜的时候一定要注意清洁卫生，只有这样做才能保护我们的眼睛在享受隐形眼镜带来的方便的同时又不会受到隐形眼镜的伤害。

如何正确科学地护理隐形眼镜？

如果你是第一次戴隐形眼镜的话，就要千万注意，一定要坚持用护理液清洗隐形眼镜。这些护理液里面所带有的锁水成分特别重要，隐形眼镜一贴近我们的眼球最少也要好几个小时，如果隐形眼镜中的水分不够的话，就很容易让眼睛出现干涩不适应的情况。为了不出现这些情况，在使用隐形眼镜的时候一定要特别注意用护理液浸泡并清洗隐形眼镜。只有这样，才不会导致干涩和不适应的情况出现。

如果你有已经开启了很久但又没有经常戴的隐形眼镜镜片的话，就要每隔四五天用护理液对它们进行一次全新的护理。在护理的时候，选用的护理液最好是带有牛磺酸成分的，带有这种成分的护理液更好地清洁隐形眼镜，让隐形眼镜的 PH 值和眼睛适应。

隐形眼镜在佩戴之前应当要进行足够的揉搓和冲洗，之后才能戴到眼睛上。在晚上睡觉的时候，一定要把隐形眼镜取下来，千万不能戴着隐形眼镜睡觉，要是戴着隐形眼镜睡觉的话。隐形眼镜的镜片会让眼睛的角膜处于缺氧的状态。长期这样下去的话，角膜就会感染上水肿和一些其他的症状。

要是因为眼睛不舒服或者其他什么原因将隐形眼镜取下来了，再戴的时候就一定要用护理液进行清洗，因为在隐形眼镜被取下来的过程中，沾染上了很多手上和空气中的细菌和灰尘等。如果女生近视患者要

对脸部进行化妆的话，最好是戴上隐形眼镜之后才进行化妆，卸妆的时候则相反，把隐形眼镜取出来之后就可以卸妆了。

经常戴隐形眼镜的那个手指在触摸隐形眼镜的时候一定要保持手指的干燥，如果要是手指上的水分太多的话，隐形眼镜就会和手指产生粘连，不容易戴到眼睛里面。另外，如果你戴了半天也没有将隐形眼镜戴到眼睛里面的话，就不要再着急戴进去了，应该将隐形眼镜的镜片从新用护理液进行再次冲洗之后才能戴。

隐形眼镜对我们眼睛的危害

凡事都有两面性，隐形眼镜也一样，如果不合理佩戴隐形眼镜的话，我们的眼睛就会受到伤害。

在戴隐形眼镜的时候，不要选用那些已经老化了的隐形眼镜，因为它们的透氧性早就已经下降了，不能让眼睛正常地呼吸。

　　隐形眼镜不能长时间戴，长时间戴的话会引起眼睛出现干眼的现象，从而导致我们的眼睛出现痒、眼屎多、干涩等情况。

　　隐形眼镜和我们眼睛的泪液有直接的接触，泪液中的蛋白质、脂质等物质会沉淀在镜片的表面，滋生各种各样的细菌，从而导致我们的眼睛被感染。虽然有很多人在嘴巴上说都知道这一点，要是不注意卫生的话眼睛就会被细菌感染，但是在生活中，有很多人因为各种原因各种理由而忽视了对镜片的清洁和保护，依旧会导致眼睛感染，因此一定要注意隐形眼镜的清洁。

　　另外，需要注意一点的就是，隐形眼镜并不是每个人都能佩戴的，比如患了青光眼、角膜炎、严重沙眼的患者就不能戴。还有一些中小学生，因为正处于发育阶段，也不能过多地戴隐形眼镜。如果一个戴着隐

形眼镜的人出现了感冒和发烧等流行病症的话，也不太适合戴隐形眼镜，最好先把隐形眼镜放到一边，等感冒好了再戴。

生活中，偶尔会因为不小心就让隐形眼镜的镜片受到了损坏，当镜片上面出现伤痕之后，就要特别注意了。要是严重一些的伤痕会对我们的眼睛产生某些刺激影响，从而损伤角膜的表面，这时候就有必要去一趟医院了，看看需不需要重新换一副新的隐形眼镜。如果伤痕不是很大的话，就可以通过磨合来进行休整，没有大问题就可以继续佩戴了。

师生互动

学生：老师，戴着隐形眼镜可不可以游泳？

老师：这是绝对不可以的，除非你游泳的时候戴了眼罩。不然，水里面的某些微生物就会污染我们的镜片，从而让眼睛受伤。另外，水的流动也可能会冲走我们眼睛里的镜片。

我们的手

◎这节"显微镜下的世界"的课程与以往有些不同，老师在课前就通知智智和同学们，将双手中的一只洗干净。

◎大家又满心疑惑地来到实验室等待老师，智智神秘地对同学们说

◎大家好奇地看向智智，智智得意地说，这节课的课题一定是"我们的手"同学们恍然大悟。

显微镜下的手

手，是我们每个人都最熟悉不过的，也是我们人体上使用率最高的
器官，我们每时每刻都在用，吃饭要用手，喝水要用手，写字要用手，
玩电脑要用手，就连睡觉也要用手盖被子，可见，在生活中我们的手有

多少重要啊！我们的双手每天为了我们做了这么多事，接触各种各样的东西，同时也沾染了很多细菌，你有没有想过我们的手在显微镜下是什么样子的呢？

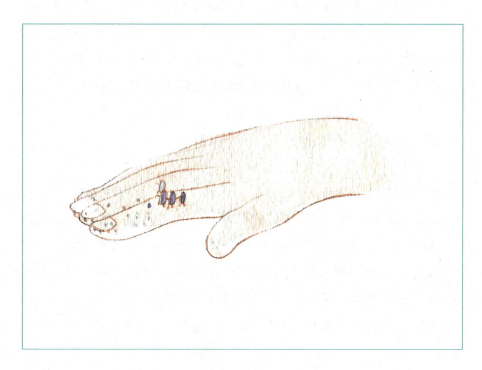

　　我们通过第九课《坑坑洼洼的皮下组织》的学习可能大家已经知道，我们的皮肤并不像表面上看起来那么光滑，它是由一个个矩形框构成的，将我们洗过的一只手放到显微镜下观察，会发现在手部矩形框和手指关节的褶皱处有一些看起来像石头一样大的灰尘外，没什么特别的东西，可见仔细洗过的手是比较干净的。再将另一只没有洗过的手放到显微镜下观察，你一定会大吃一惊！首先你会看到数量最多的一种粉红色的大肠杆菌，形状是较规则的椭圆形，这种细菌寄生在人体肠道内，如果随饮食进入人体会引起腹泻和败血症；我们手上的第二大细菌群就是链球菌，是由紫色或蓝色的球形或扁球形成串，看起来像一个链子一样，因此称为链球菌，这种细菌通常寄生在人体粪便或鼻腔、咽喉部，会引起炎症等疾病。以上这两种仅仅是我们手上最常感染的细菌之中的两个，除此之外，还有各种病毒，如我们经常听到的流感病毒等。

将我们的双手放在显微镜下，你会发现手背与手掌处的细菌要明显少于手指尖、指关节的褶皱处还有手指间的缝隙，而指甲里的细菌是整个手部"藏污纳垢"最多的地方，这是因为这些位置相对比较隐蔽，如果不仔细清洗这几个地点就会使这里的细菌成了漏网之鱼。

怎么做才能保持手部的清洁？

我们的手也许一天不洗看起来也一样白白净净，这就给我们造成一种错觉，我们的手并不脏。其实我们被我们的眼睛欺骗了，双手每天都在不停地劳动，不信你可以观察一下，你现在的双手正在拿着书，一会你可能放下书要倒杯水喝，还可能要去洗手间，换件衣服，找点东西吃，哪一样工作都要用到手，它们是劳苦功高的功臣，自然也最脏最累，那么我们该怎么做才能保持手部的清洁呢？其实答案很简单，就是勤洗手。

勤洗手，可能很多人会说，这还不简单。洗手并不是把双手放到水龙头下冲冲就算洗过了，真正的洗手要分为七步，我们一起来学习一下吧：

一、打开水龙头，将双手充分浸湿，手心、手背、指缝、手腕处都要打湿；

二、涂抹洗手液或香皂，每一处都要涂抹均匀，指甲里也要一个一个的涂进去，洗手液或香皂是有着很强的杀菌作用的。

三、洗手心、手背：左手覆盖在右手手背，借助洗手液的润滑上下清洗，然后换右手，手背清洗完毕后，双手并拢，横向、纵向各搓洗5次；

四、洗手指：先弯曲左手手指，将手指关节放在右手的掌心旋转、揉搓 30 秒，同样方法换右手，最后清洗指缝，两手正面交叉搓洗 5 下，背面交叉搓洗 5 下；

五、两只手互相转圈搓洗手腕部；

六、洗指甲：指甲内的洗手液或香皂经过刚才的时间可以将指甲内的细菌、灰尘和角质充分浸泡，这时只要用右手最长的指甲分别嵌进左手的每一根指甲里摩擦一下将皂液和其他杂物一起带出，再换另一只手以同样方法进行即可。

七、冲洗：这一步就比较简单了，按第一步的顺序将手部各处都冲洗干净就行了。

洗手只有按照这七步来做，才能真正有效地消灭细菌和病毒，科学的洗手方法，能为我们的健康带来很大保障。

小链接

虽然勤洗手能有效地消灭细菌和病毒，使我们远离疾病的危害，可是如果洗手的方法不正确也等于做无用功哦，下面是几种洗手时人们最常犯的错误，你占了几条呢？

一、用非流动水洗手。非流动水是指盆里的水或洗手池里放好的水，这样的水已经被手上的细菌弄脏了，手离开水时还是会将洗掉的细菌重新带回来，等同于没洗。

二、与别人共用一盆水。这个就更危险了，不仅达不到洗手的目的，反而还有受感染的危险。

三、以纸巾或毛巾擦手。没有水、没有香皂或洗手液地加入，单纯地擦手对细菌几乎构不成任何威胁。

四、不用肥皂或洗手液洗手。洗手中如果不使用肥皂或洗手液，则起不到杀菌作用。

师生互动

学生：洗手有这么多的好处，那是不是洗的次数越多越好呢？

老师：勤洗手虽然是讲究卫生的好习惯，但凡事都有个度，如果掌握不好分寸有利的事也会变成有害的事。我们双手上的皮肤就像一个保护层一样，保护手部每天接触各种物体、各种细菌却不受感染，如果不是做了些可能对手部有污染的事情，例如清洁打扫，也不是饭前便后，就没必要无缘无故地跑去洗手。过于频繁地洗手，不仅对健康无益，反而会使手部皮肤变薄甚至破皮，同时还会洗掉了皮肤的一些"有益菌"，使人体自身的保护系统受到损害，如果这种情况下还继续使用洗手液或香皂洗手，很容易使手部皮肤感染。

我们生活中可能会遇到一些"不停洗手"的人，他们往往不分场合，不分时间，只要碰了什么东西就想洗手，否则就觉得手特别脏，布满了细菌，这种人我们称之为"洁癖"。

我们的双手即使再认真、再努力地洗，也不会洗掉全部细菌。人只要生存在这个世界上就要不停地与细菌接触，这是不可避免的，我们只要适当地保持清洁就可以了，可不要低估了我们人体自身的免疫力哦！

科学原来如此

我们每天放入口中的牙刷干净吗

◎智智和同学们终于又来到他们期待已久的"显微镜下的世界"实验课。

◎老师拿着一只牙刷走进了教室，同学们都很疑惑，同时也有点沮丧。

◎老师听着同学们七嘴八舌的议论，微笑着说。

◎当然了！

显微镜下的牙刷

牙刷，谁都不会陌生。我们每天早晨起床后、晚上睡觉前都要和牙刷来一次亲密接触。入得了口的东西，就像食物一样，我们都理所当然地认为它是相当干净的，否则谁还会天天用它来刷牙呢。其实，这是错误的。相当一部分人的牙刷因为清洗不够彻底而布满细菌，听着很恐怖吧，这绝对不是吓你哦。

一只用过的牙刷，用肉眼看起来是很干净的：一簇簇白白的刷毛，刷毛间的空隙也清晰可见，似乎没有任何污垢藏身。但是，如果将它放到显微镜下仔细观察，你就会发现，显微镜下的刷毛上竟然出现了很多平常根本看不到的东西：好多绿色的、椭圆形的小球球紧紧地簇拥在一起，这是葡萄球菌；还有好多深紫色的缓慢蠕动的小线虫，它们看上去正在逐渐向一起靠拢，这是链球菌；还有一种粉色的由很多小点点构成的形状不规则的大圆球，这是放射线菌。这是牙刷上最常见的、也是每个人的牙刷上基本都存在的细菌。

牙刷为什么会产生这么多细菌

牙刷在我们的生活中不可或缺，每个人每天最少要使用两次。我们每天要吃三顿饭，还要吃各种水果、零食，这些食物都要通过牙齿来咀嚼，然后才能咽下肚子。可是，这些食物的残渣却很容易滞留在牙齿的缝隙中。我们都知道，口腔内的温度是比较高的，在这样温暖、潮湿的环境中，滞留的食物残渣如果没有被及时清除就会很容易滋生细菌，引起各种口腔疾病。所以，我们每天睡觉前都要认真仔细地刷牙，就是为了将牙齿间残留的食物残渣清除掉，保持口腔卫生。可是，牙刷每天都与这些"食物残渣"接触、作斗争，结果是我们的牙齿干净了，这些"食物残渣"却又赖皮地滞留在了牙刷的刷毛里，时间一长，细菌就在牙刷上繁殖生息了。

所以，我们不仅在刷牙时要仔细认真，刷完牙后，也同样要认真的清洗牙齿及牙筒。很多小朋友刷完牙后将牙刷在牙筒里余下的水中随便涮两下就算清理过牙刷了，这是绝对错误的。要知道，使用这种清理不净的牙刷，还不如不刷牙，牙刷的细菌很容易滞留在口腔中，反而对牙齿有害无利。而且如果口腔内恰好有伤口，极易感染细菌，引发其他疾病。

怎样正确清洗牙刷才能让它干净如新呢？

我们每天早、晚刷完牙后，将水龙头开到最大，反复冲洗牙刷的刷头及刷柄，一个地方也不能放过哦，这个过程至少要持续2分钟。直到发现流下的水流干净、清澈，再将刷头向下，对着水池，用力地甩几下，使牙刷上残留的水渍尽量少。最后，将牙筒也洗干净后，把牙刷以头向上、柄向下的方式立于牙筒中，还要记住最好将它们放在通风良好、阳光充足的地方，干爽的环境能很大程度上减少细菌的滋生。

除此之外，千万不能与别人共用一支牙刷。牙刷是绝对的私人用品，会残留下很多主人口腔内的唾液及一些微小细菌，如果使用了别人的牙刷，而牙刷的主人正好患有感冒或其他疾病，病毒就会通过牙刷进入你的口腔，那你可就"引狼入室"了。尤其是一些自身免疫功能较弱，或口腔内、身体某处有伤口的人，更要避免与别人同用一支牙刷，以免引起交叉感染。

牙刷正常要多久换一次呢？

可能很多人都知道牙刷要勤换的道理，可是关于"勤换"是多久换一次，却很少有人说得清。有人说一个月，有人说三个月。相关专家说，牙刷至少要三个月换一次。因为牙刷是消耗品，人们每天两次的使用，三个月约需使用180次，这个时候的牙刷，刷毛肯定会和新买的牙刷有所区别，刷毛卷曲或者有脱落现象，就会造成洁牙不彻底，无法保证口腔卫生。

当然了，如果能做到一个月换一次牙刷自然是最好的。新的牙刷不但刷毛整洁，清洁牙齿无死角，更重要的是无细菌、无残留物，绝对干净。

小链接

　　牙刷的种类多种多样，有软毛的、中毛的、还有硬毛的，还有什么中间软四周硬的，我们该怎样选择适合自己的牙刷呢？老人和小孩通常牙龈结构柔软，所以最好选择软毛牙刷，硬毛牙刷很容易造成牙龈出血等疾病。

　　成年人选择牙刷，要根据自己牙齿的状况而定，如果牙齿上有牙菌斑或牙垢较多，则可选择硬毛牙刷，这种牙刷清洁得比较彻底。如果牙龈经常出血，或患有牙病，则要选择一些刷头较小、刷毛较软的牙刷，这种牙刷对牙龈造成的伤害较小。牙齿不整齐的人还可以选择一些刷毛呈凹型头的牙刷，这类牙刷是专为牙齿不整齐的人设计的。

师生互动

　　学生：牙刷上竟然有这么多的细菌，万一我们没有清洗干净，让这些细菌进入了口中，一定会得病吧？

　　老师：虽然细菌听起来很可怕，但是我们本来就每天都生活在到处充斥着各种细菌的空气中。人的身体在非疾病的情况下，是拥有抵抗这些细菌的能力的。口腔也一样，即使我们每天早、晚都刷牙、每餐后都漱口，却一样存在着一些微小的细菌。其实，人的身体并没有那么脆弱，不是一接触细菌就会生病，而且恰恰相反，正是因为细菌的存在，人体免疫力才能不断地增强。不过，我们在日常生活中还是应该尽量保持牙刷的清洁。

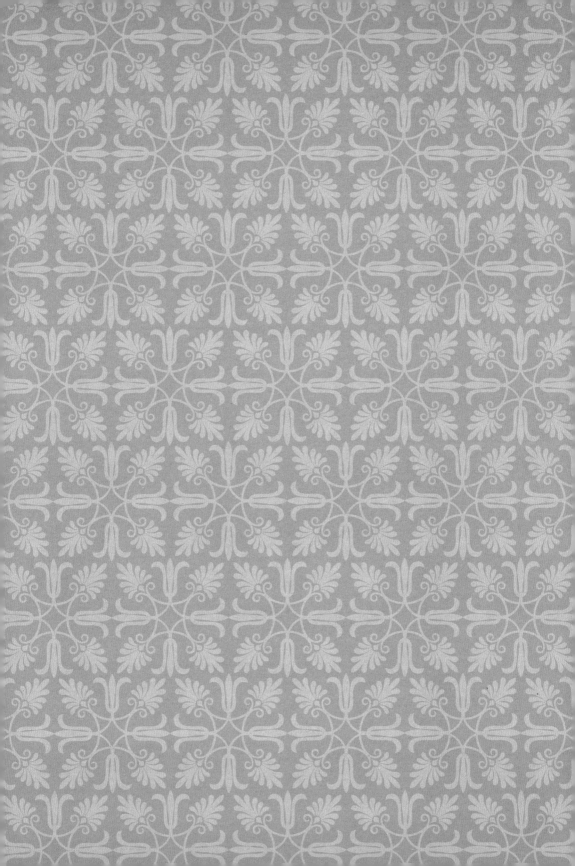

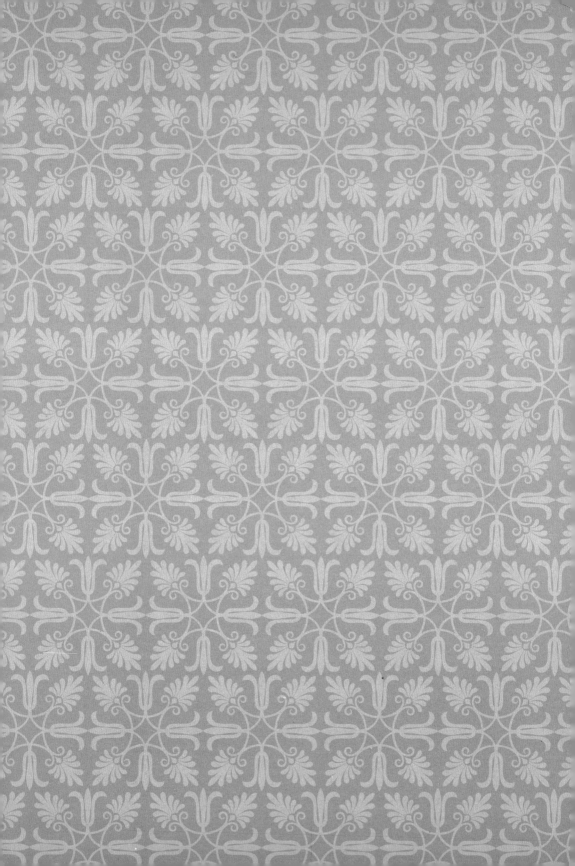